我们
与生俱来
的
爱与恨

从克莱因的视角
看心理能力

陈举 著 / 心理学大师解读系列

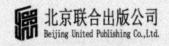

北京联合出版公司
Beijing United Publishing Co.,Ltd.

图书在版编目（CIP）数据

我们与生俱来的爱与恨：从克莱因的视角看心理能力 / 陈举著. -- 北京：北京联合出版公司, 2023.5（2024.4.重印）
ISBN 978-7-5596-6720-5

Ⅰ.①我… Ⅱ.①陈… Ⅲ.①心理学—通俗读物 Ⅳ.①B84-49

中国国家版本馆CIP数据核字(2023)第036781号

我们与生俱来的爱与恨：从克莱因的视角看心理能力

作　者：陈　举
出 品 人：赵红仕
责任编辑：周　杨
封面设计：王梦珂

北京联合出版公司出版
（北京市西城区德外大街83号楼9层 100088）
北京联合天畅文化传播公司发行
北京美图印务有限公司印刷　新华书店经销
字数110千字　880毫米×1230毫米　1/32　8.75印张
2023年5月第1版　2024年4月第2次印刷
ISBN 978-7-5596-6720-5
定价：62.00元

版权所有，侵权必究
未经许可，不得以任何方式复制或抄袭本书部分或全部内容
本书若有质量问题，请与本公司图书销售中心联系调换。电话：（010）64258472-800

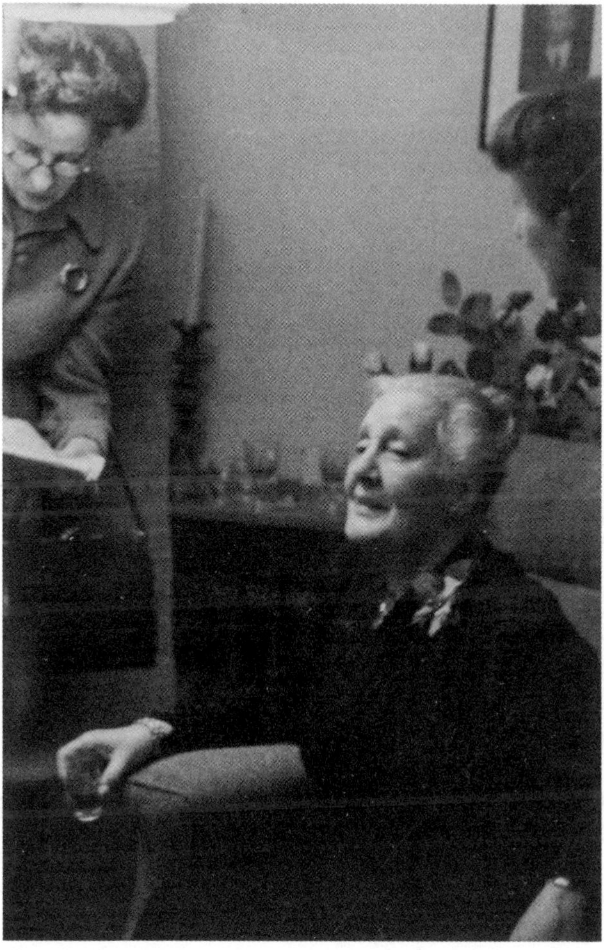

1950年，年近70岁的梅兰妮·克莱因与同事们在一起。这个时期，她已经完成了一生中最重要的工作，将婴儿时期的内心世界展现于众人面前。她让人看到，人诞生于关系和情感之中，从此对爱与恨的思考延展于每个人的一生。她的理论一直在争议中前进，可贵的是她始终尊重自己在儿童和成人身上观察到的精神现象，珍视它们。当有了新的发现，她就毫不犹豫地跳出原有的观念，重新叙述自我发展的历程。这让人领略到婴儿内心世界爱与恨的思考与回荡，也让母婴关系得到重视并让这一理念随着教育传播到世界的各个区域。

如今，克莱因的理论已成为精神分析领域的基础理论之一，继续影响着人们对心灵的认识。接触克莱因的理论，会让人接触到人"最初为人"的那一面。从诞生起，婴儿就是自己人生主动的思考者，思考着自己的体验以及与母亲和他人的关系。[本书中所有照片由梅兰妮·克莱因信托（Melanie Klein Trust）提供]

目 录

导　言　在争议中前进的婴儿理论 / 001

婴儿的爱恨与思考 / 003

在争议中前进的理论生涯 / 011

第一章　婴儿在思考 / 021

关于爱恨的炽热幻想 / 026

必要的分裂 / 030

可怕的攻击性 / 040

怀抱婴儿的母亲 / 046

第二章　向内看焦虑 / 055

无意识中的内心现实 / 060

"我"还在不在？/ 069

潜在的焦虑 / 079

信任的能力 / 085

第三章　内疚与爱的危机 / 089

最初的丧失与哀悼 / 093

重新信任所爱之人 / 102

生产与哀悼 / 109

爱与恨的交流 / 118

第四章　自发的良知 / 123

与恶为邻 / 128

道德能力的闪现 / 134

从攻击到创造 / 141

内疚的能力 / 145

第五章　嫉羡与感恩 / 155

生而缺失 / 161

无法享受和进食的人 / 165

逃离嫉羡 / 173

感恩爱的来源 / 179

第六章　导向他人内心的自己 / 185

我们内心的"绿野仙踪" / 192

"丢失"的情感 / 200

从他人身上"回归" / 210

第七章　两性能力 / 225

男孩的焦虑：联合敌对 / 233

女孩的焦虑：内在的完整性 / 242

性欲的错觉 / 248

附　录　克莱因一生中的几个瞬间 / 257

导　言　在争议中前进的婴儿理论

婴儿的爱恨与思考

梅兰妮·克莱因（Melanie Klein，1882—1960）是公认的继弗洛伊德（Sigmund Freud）[①]之后对精神分析最重要的理论贡献者。她让精神分析与儿童发生了接触，主要聚焦于生命早期从出生至一岁期间的精神世界建构与人格发展，提出了一系列回响至今的观点和理论。她认为人生来便拥有自我，尽管这个自我尚且稚嫩，却能够经由身体感官感知到生与死带来的焦虑，

[①] 西格蒙德·弗洛伊德（1856—1939），奥地利精神病医生、心理学家、精神分析学派创始人。他所开创的对无意识的研究是20世纪人文学科重要的理论支柱。其代表作品有《癔症研究》（*Studies on Hysteria*）、《梦的解析》（*The Interpretation of Dreams*）、《性学三论》（*Three Essays on the Theory of Sexuality*）、《图腾与禁忌》（*Totem and Taboo*）等。

在生死本能的驱动之下，自我开始了建立客体关系的历程——客体是指那些在情感上对我们有重要意义的他人。母亲是婴儿生命中首要的客体，在婴儿一开始对母亲（主要的养育者）朦胧而零散的意识中，混合着生的渴望与爱的倾注，也带有死的破坏与恨的攻击，其中衍生出的幻想和焦虑影响了婴儿内心母亲的形象和与她的关系，这些统称为我们生命的原初客体关系。原初客体关系就像一种内心的情境：怀抱着婴儿的母亲，她是否信赖可亲，自己与她的关系是否坚实牢固，透露出婴儿与客体的基本情感关系的质量，而人正是透过来自婴儿时期的原初客体关系，继续发展和建立自己的内心世界，以及自己与外界的客体关系。

克莱因的主要贡献之一是促生了儿童精神分析，这大大拓展了人类探索内心世界的范围。尽管幼儿并不像成年人那样可以熟练地使用语言来言说自己的体验，但他们会透过游戏表达体验。游戏像是一个展现内心世界的舞台，让人生动地领略内心世界是一个和外在世界同样"真实"的世界，其中的爱恨情感真实地发生并且影响了儿童的感知和行为，这对于促进儿童精神发展起着重要的作用，也让许多后续的精神分析师走上了帮助儿童的道路。而从儿童身上的发现也影响了对人类精神世界的理解，因为生命早期由爱与恨带来的焦虑对自我具有冲击和影响，我们会在生命的不同阶段再次面临这些早期焦虑，例如当面临分离、丧失、竞争等情境带来的冲击时，我们会"重回"自己最脆弱与无助的状态。这个时候的感受、反应、态度和行动很大程度上取决于我们在幼年时建立的处理模式。从儿童身上学习到的经验，能够帮助人们理解那些发生在成年人身上的精神现象和症状。

克莱因的第二个重大贡献是强调了母婴关系的重要性。婴儿在成长中面临焦虑时会使他急迫又强烈地转向母亲，而母亲对此的回应与理解也会被婴儿纳入心中。举一个简单的例子，有不少母亲都发现婴儿不会自己睡觉，他们会把困意体验为"一个不舒服的东西"，从而烦躁哭闹，需要在母亲的安抚中渐渐睡去。婴儿从被母亲安抚的经验中接受了自己的感受，也将好母亲的感受纳入了内心。从这个意义上来讲，婴儿所有的体验都与母亲有关。与母亲的关系影响了婴儿对自我的信心、整合爱恨情感的能力，以及认识客体的能力，因为越是坚固的母婴关系，越让婴儿有信心去思考和认识世界，这也让人理解在婴幼儿时期的生活动荡、与母亲的分离、艰难的断奶等经历会塑造一个人对爱的绝望，也有更多关于恐惧和恨的体验。而与母亲的关系还会影响婴儿与父亲建立关系，因为父亲被婴儿体验为与母亲有关系而与自己无关的人——这被称作"俄狄浦斯情境"。婴儿感知到自己身处"母亲—父亲—孩子"的三元情境中，既有对母亲的占有欲和挫败感，也有对父母关系的复杂感受。如果有好的母婴关系作为后盾，婴儿能够接受一系列与分离相关的事实，例如母亲并不属于自己，母亲和他人的关系与自己无关，从而开拓和认识自己与父亲的关系。

第三个重要的贡献是克莱因对焦虑的研究。她在一生的工作当中，孜孜不倦地阐述人的焦虑从何而来，根据不同的焦虑类型提出了偏执–分裂心位（paranoid-schizoid position）和抑郁心位（depressive position）两种心理结构。偏执–分裂心位的焦虑主要是对自身的存在感、延续性和完整性的焦虑，警惕客体会带来相应的破坏；而抑郁心位的焦虑主要是对客体完整性的焦虑，担忧自身的情感（特别是攻击和恨的情感）会殃及和伤害客体。用愤怒的情感作为例子，在偏执–分裂心位的焦虑驱使下，我们更多想要用愤怒来摧毁"坏人"，而在抑郁心位中，我们则想克制和压抑愤怒，害怕它伤害了"好人"。这两种心位并不是固定不变的，会依据我们的人格发展水平和经历而交互变化，它们也映射出内心世界爱与恨交织的复杂程度。总的来说，我们对自身和客体的认识越是趋于完整——每个个体是独立的，都存在着优势与局限——越有助于我们思索自己内心正在发生的焦虑情境。

克莱因其他的贡献还包括对哀悼、躁郁状态、嫉羡与感恩等主题的研究，后续章节会对此做详细介绍。克莱因的工作展现了婴儿的情感生活是多么惊心动魄，它非但不是宁静的，还充满了爱与恨的此起彼伏。这些原始的过程带着惊人的力量影响我们如何幻想欲望、如何认识客体、如何经历爱恨交织。她对婴幼儿内心世界的构想，让人得以理解生活中千变万化的焦虑从何而来。

除此之外，克莱因对人们与生俱来的爱恨交织的研究，还促成了一系列对个体和社会有深远意义的思考。[1]例如，她提出了相当具有人文精神的"道德感"，这种道德感有别于在规范和法则约束之下的道德，而是诞生于爱和恨的整合。当婴儿感受到对母亲既有爱意也有恨意时，他发展出保护、关怀母亲和修复与

---

[1] 这部分内容参考玛格丽特·鲁斯汀（Margaret Rustin）和迈克尔·鲁斯汀（Michale Rustin）所著《阅读克莱因》（*Reading Klein*），书中除了对克莱因的代表作进行了细致的解读，还新颖地阐述了克莱因的理论在伦理、道德、美学和社会等领域的意义。

母亲的关系等愿望，这种道德感铺垫于对客体的情感之上，因此是自发而稳定的。又比如她阐述了创造性的来源，认为创造性并不来自"冲动"，而是因为爱和恨的矛盾没有过分妨碍一个人欲望的发展，从而他可以自由地想象和实现自己的欲望。这些观点都有益于我们思考与个体、与社会有关的议题。

本书着重介绍的是克莱因对人格发展的阐述，她善于从根源处去描述人内心的爱恨冲突，也将之视为一个人发展和建立客体关系的根基。这为我们提供了一个看待心智能力的视角，其中包括：思考爱与恨的能力、向内看焦虑的能力、承受爱的丧失与内疚的能力、发挥良知的能力、感恩爱的来源的能力、在他人身上看见自己的能力和性欲发展带来的两性能力。这些能力从何而来？能力的缺失又与什么样的内心冲突有关？克莱因通过幻想为我们打开一扇通往无意识的窗户，让我们得以看到，在我们的内部存在着一个情感交织的世界，它和外部世界同样真实。

客体

从心理意义上来讲,客体不仅是对我们来说重要的人,也泛指一切对我们有情感意义的事物。

在争议中前进的理论生涯[1]

1882年,克莱因出生在维也纳的一个犹太家庭。父亲继承了一笔可观的遗产后,他们一家过着称得上优雅的生活。克莱因是四个孩子中最小的,却在年纪尚轻时数次经历兄弟姐妹的早逝,她的二姐在4岁时死于痨病,而哥哥在25岁时死于心脏衰竭。这些都是与她情感密切的兄弟姐妹,他们的离去让克莱因备受打击。

我们有理由相信,克莱因对精神的关注可能在很小的时候就萌芽了,因为16岁那年,她决定学医并且接

---

[1] 资料参考梅兰妮·克莱因信托(Melanie Klein Trust)和威尔康图书馆(Wellcome Library)的《梅兰妮·克莱因档案》(*Melanie Klein Archive*)。

受精神病学的培训。不过就在第二年,她的二表哥亚瑟·克莱因(Arthur Klein)向她求婚,由于结婚,她对学术和医学的抱负也遗憾止步。她婚后的生活深受抑郁情绪的困扰,还经历了产后抑郁,特别是在生下第二个孩子汉斯(Hanz)之后。当时他们居住在波兰小镇克匹兹(Krppitz),她的母亲莉布丝(Libussa)也搬来同住,克莱因的性情变得忧郁焦躁。在那段时间,怀孕似乎是克莱因的噩梦,她常常离开家外出调养,而当年的调养手段更多是泉水治疗或者到瑞士山间疗养。从她母亲的信件中能够读到克莱因的状态,以及她母亲对她方方面面的密切关注,甚至是干涉。例如,莉布丝给克莱因的丈夫亚瑟写信调解关系:"你总不想看到她(克莱因)回来没几天又心情不好吧,我觉得她会彻底好起来,然后和你生活在一起。"她也与克莱因的医生交流:"我向你保证克莱因去疗养不是为了享受,只是去寻求平静。"母亲的关注似乎让克莱因更加不喜欢待在家里,也因此很少陪伴孩子们。

直到1914年，32岁的克莱因生下第三个孩子艾瑞克（Erich）后再次深陷抑郁，她开始接受桑多尔·费伦齐（Sándor Ferenczi）[1]的分析。促使克莱因再度抑郁的另外一个重要因素或许是第一次世界大战的爆发。克莱因的丈夫被征兵入伍，不仅家庭处于分离的状态，整个社会和世界都在经历动荡不安。与费伦齐的分析是克莱因头一次倾诉自己的人生体验，而费伦齐也是一位敏锐和富有洞察力的分析师。也就是那一年，她读到了弗洛伊德的《论梦》（*On Dreams*，1901），文章中展现出的对精神世界的洞见和可能性，让克莱因决定投身精神分析的工作，"我立刻意识到这正是我的目标所在，至少在那些年头里，正当我如此热切地寻找什么能够在心智和情绪上都满足我的时候"[2]。实际上，克莱因与弗洛

---

[1] 桑多尔·费伦齐（1873—1933），匈牙利精神分析家，推动精神分析发展的关键人物之一。1908年起，他与弗洛伊德开始通信，累计有1000多封，他们的交流和探讨对精神分析发展有着深远的影响。两人于1910年创立国际精神分析协会。

[2] 史蒂芬·米切尔.弗洛伊德及其后继者[M].陈祉妍，黄峥，沈东郁，译.北京：商务印书馆，2007：106.

伊德自始至终并没有太多直接的交流,虽然她从小就与弗洛伊德居住在同一个城市维也纳,她的两任分析师费伦齐和卡尔·亚伯拉罕(Karl Abraham)①也都是弗洛伊德的同事和挚友,她大女儿梅莉塔(Melitta)的丈夫还是弗洛伊德的家族友人,但弗洛伊德对她而言更像是一个遥远又崇敬的人物。

19世纪20年代,由于匈牙利反犹太势力的盛行,几乎所有的精神分析的工作和活动都面临停摆,原本居住在布达佩斯等地的精神分析师们纷纷移居柏林,让柏林成了当年精神分析发展最为蓬勃的城市。克莱因来到柏林后,也正式开始了儿童精神分析的工作。她最初的分析对象是自己的孩子,后来逐渐分析别的儿童,为精神分析理论的发展和治疗开辟了一条全新的途径。她发现儿童通过游戏象征性地表达着无意识,其中展现了儿童的攻击性以及与攻击性相关的焦虑,例如儿童通过游戏

---

① 卡尔·亚伯拉罕(1877—1925),德国精神病学家,其理论对克莱因的工作有重要影响。

中的碰撞行为来表达对性交的幻想,而且他们很惧怕这些幻想中潜藏的攻击和破坏,会为此而焦虑和罪疚。

当时克莱因的发现引起了不小的"骚动",因为给儿童做精神分析在过去看来是不可能的,更何况克莱因常常直接对儿童的攻击性做干预,这有悖于之前的认知。不过她的工作得到了当时柏林精神分析协会会长卡尔·亚伯拉罕的支持。亚伯拉罕曾公开表示"精神分析的未来依赖于儿童分析的开创"。1924年,42岁的克莱因开始接受亚伯拉罕的分析,但短短一年多之后,亚伯拉罕因疾病缠身去世,克莱因为失去这位老师和分析师感到极其痛苦。

克莱因的理论问世之后一直面临争议,但同时也在英国引起了广泛的关注。1926年,克莱因受友人邀请正式定居伦敦,此后即使在第二次世界大战的炮火威胁下,她的精神分析工作也没有中止。在此期间,她的理论日渐丰满成熟,发表的作品包括早期代表作《俄狄浦斯冲突的早期阶段》(*Early Stages of the Oedipus*

Conflict，1928）和中期代表作《哀悼及其与躁郁状态的关系》（*Mourning and Its Relation to Manic-depressive States*，1940），其中重要的观点包括，当婴儿感受到自己既爱着母亲也恨着母亲时[1]，他对母亲的情感会变得复杂，这是对客体完整性认识的基础。同时她在伦敦成立了"内部客体小组"（Internal object group），这个小组成了克莱因学派的核心力量，许多相关的思想都得以讨论和发展。

1942年，精神分析领域著名的"论战"[2]（Controversal Discussions，1941—1945）拉开序幕。其实早在此之前，精神分析学者们对克莱因理论争议的声音就持续不断，而随着纳粹占领维也纳，弗洛伊德与他的女儿

---

[1] 这种矛盾来自婴儿对母亲的爱和恨都非常活跃，一方面渴望和依赖着母亲，害怕失去她，而另一方面自身面临着许多与母亲分离或母亲不在场造成的挫折，因此也会攻击母亲。

[2] SPILLIUS E, MILTON J. The New Dictionary of Kleinian Thought[M]. East Sussex: Routledge, 2011.

安娜·弗洛伊德（Anna Freud）[①]于1938年也来到了伦敦，从此改变了精神分析世界的格局。精神分析的世界被分割为"维也纳学派"（以安娜·弗洛伊德为代表）和"伦敦学派"（以克莱因为代表），两个学派进行了长达四五年的论战。这期间的争论不再只是针对儿童是否能进行精神分析，更多的是围绕着克莱因的早期俄狄浦斯情结、早期客体关系和无意识幻想等观点。一开始论战带有明显的攻击性质，之后逐渐变为每月围绕争议之处的讨论，可以说论战也直接促进了这些儿童精神分析理论的发展，最终达成了三个阵营的平衡：克莱因学派、维也纳学派和中间学派（他们的理论主张既不偏向克莱因，也不偏向以安娜·弗洛伊德为代表的自我心理学，例如，著名的精神分析师温尼科特就属于此列）。这种平衡维系了英国精神分析协会的完整和各种理论的

[①] 安娜·弗洛伊德（1895—1982），儿童精神分析家，弗洛伊德的小女儿，继承和发展了弗洛伊德后期的自我心理学思想。

发展。这一"君子协议"一直延续到2005年，英国精神分析协会认为不再需要依据此协议来管理协会，因为此时克莱因学派和中间学派的发展规模已经相当可观，各个派别将继续以自己的方式发展理论。

除此之外，论战中还夹杂着克莱因的大女儿梅莉塔对她的抨击，梅莉塔成了克莱因最尖锐的反对者，频频针对她发起挑战和人身攻击，这或许已经不是理论之争，而是女儿对母亲的控诉。在一封信中，梅莉塔写道："你没有充分考虑到我与你非常不同……不幸的是，你有一种强烈的倾向，试图把你的观点、感觉，你的兴趣，你的朋友等强加给我。"似乎母亲对女儿的干涉（或许是梅莉塔的主观感受）是克莱因与她母亲和女儿的关系中"轮回"的主题，而这恰好契合她一直研究的母婴关系。虽然克莱因很少谈及精神分析之外的内容，但可以看到她自身生活经历带来的触动，也不断被融入了她的作品。例如1934年她的儿子汉斯因意外去世，她在悲恸中也深刻地体悟到对亲人的哀悼，这与对客体的爱恨交织是分不开的——无意识中，她将儿子的去世视为对自己的一种惩罚，而这种敌对和恨意让她无法顺畅地哀悼儿子的离去，后续她写出了关于"抑郁心位"的重要文章《论躁郁状态之心理成因》（*A Contribution to the Psychogenesis of Manic-Depressive States*，1935）。

1955年，73岁的克莱因发表了她的晚期代表作《嫉妒与感恩》（*Envy and Gratitude*，1955），提出了她惊人的设想："从根源上侵蚀爱和感恩的感觉，最强有力的因素是嫉妒。"她阐述了婴儿对母亲拥有原始的毁灭情感：嫉妒。婴儿将母亲视为永不枯竭的生命之源，同时难以承受母亲带来的挫败以及自己对她强烈的依赖和需要，因此也想要摧毁母亲，这让婴儿自身处于艰难的发展中。此文争议之大，让一些原本支持克莱因的学者也离开了克莱因学派。总的来说，嫉妒是克莱因对人类"死本能"（Death Instinct）概念的直接构想，阐述了人之所以有接纳和吸收爱的困难，皆来自对爱的来源有破坏欲,这是朝向死亡和毁灭的本能。

1960年9月22日,克莱因辞世,享年78岁。

第一章　婴儿在思考

婴儿在思考——克莱因明确地把人们的目光引向了这个事实。婴儿（或者说我们出生时）会思考什么？又为什么而思考呢？如果说婴儿在思考一些与生死相关的冲突，这恐怕和生活中的经验大相径庭。因为婴儿身处安全的环境中，受到关心和照料，大多数时候他们也是平静的，要说他们的心理的话，那似乎也是一个发展中的、等待培育的自我，如何能体现出婴儿拥有自己的思考呢？

对绝大多数人来说，我们会遗忘婴儿期的经验，遗忘如今的这个"自己"是如何形成的，因为自我形成的经验大部分存在于无意识中。而克莱因却想要揭示，婴儿的自我和人格结构是如何形成的。在克莱因看来，婴儿的身体和心理的界限是模糊的，来自本能的冲动和外界的刺激浑然一体、不分内外，于是婴儿试图用一种方式去处理自己感受到的体验，这种方式就是幻想（phatansy）①。幻想是精神世界建构的必然途径，婴儿通过幻想获得了对自身体验的理解，而由于婴儿的理解能力非常有限（例如，有时婴儿不知道睡觉可以缓解困意带来的不舒服，有时他们会被自己发出的哭声吓到）。这些幻想常常也脱离现实，甚至狂野奔放，例如，婴儿可能将饥饿感幻想为"一个邪恶的人在体内制造破坏"，如果母亲没有立刻缓解他的饥饿感，这种被迫害的焦虑感就会增强。

在克莱因开始与儿童开展精神分析工作后，她注意

---

① 在精神分析的语言中，想象与幻想是有区别的，对它们的用词也有所不同。fantasy指那些我们能够意识到的想象和联想，也就是我们知道自己在想什么，而phatansy是指无意识幻想，是我们对感受、情绪和情感的想象，而它们通常不进入意识。"幻想"在克莱因的理论中特指无意识幻想，也是她研究的重点。

到这些儿童不同寻常的焦虑：那并不是因为他们生活中发生了特别可怕的事情，而像是被自己内心的某些东西"吓到"了，在思考如何处理和解决它们。这些孩子被自己的内心牢牢困住，因此在与人的关系中要么退缩，要么情绪忽高忽低，无法投入地学习、游戏和发展自己的能力。而焦虑总是联系到儿童对爱和恨有关的幻想：他们害怕自身的攻击性会让自己失去母亲的爱，也害怕由于自己的攻击，会遭到来自父母的攻击。他们很难调和这种矛盾，越是感受到攻击性和恨的破坏力量，就越会陷入情感的困境。由此克莱因进一步探索婴儿的内心世界，发现婴幼儿的发展并不是单纯地接受和吸纳来自父母的照顾和教育，而是一种主动走向整合的过程，也可以说，从出生起我们就无法停止思考自己的体验，无意识中我们深度地思索着爱和恨。

关于爱恨的炽热幻想

克莱因认为婴儿从出生起就拥有自我,尽管这个时期的自我并不成熟,但它有一个基本的功能是感受焦虑。此时的焦虑混杂着对内部世界和外部世界的体验,出生后各种感官的刺激(例如出生的过程、接受喂养和照顾带来的体验),很快与自身的生本能和死本能联系起来。婴儿的内心充满渴求的力量,既寻求生本能得到满足,也恐惧死本能带来的威胁。简单来说,生本能代表着存续与创造的冲动,而死本能代表着破坏和毁灭的冲动,这两种截然不同的本能此消彼长地影响着婴儿的焦虑感,当生本能的满足受到挫败时,死本能的恐惧也随之攀升,无意识幻想就在生死本能的交织中展开。幻想就像是我们无意识中的"想法",将各种好与坏的体验转化为了思考。例如,吮吸乳汁变成了通过口腔吸纳和拥有一个富足的生命之源,而饥饿变成了一个有待消灭的、残害自己的敌人。或许这些描述会让人感到夸张,但是从体验来讲,它们却充分体现了婴儿渴求的强烈程度。幻想代表了本能并且寻求在客体那里实现,这也是克莱因关于本能、幻想和客体关系的基本构想:正因为幻想的存在,使得生死本能有了表达的可能,以及婴儿与客体产生关系的可能。

婴儿的幻想几乎脱离现实,这时候内心的客体(内心的母亲形象)也和真实的客体(真实的母亲)有较大的差距。例如,饱足感给婴儿带去了愉快和满足,这是因为婴儿内心拥有一个丰盛的、充满照顾和爱意的"好乳房",它让自己生本能的冲动得到了满足。有了好客体的幻想,婴儿便可以运用这个幻想来暂时地度过饥饿的时刻,但这个"好乳房"并非母亲本人,而是一个带有理想色彩的完美源泉,婴儿在母亲的喂养、抚触和对话中体验着母亲的目光、温度和气味，从而吸收了与她相关的"零件"，婴儿感到母亲像是乳房这样的部分客体，而不是一个完整的人。相反，饥饿超出了忍耐限度却还未得到满足，婴儿就会感到有一个无法提供满足的"坏乳房"在体内破坏自己。而这个"坏乳房"的形象有可能相当古怪又可怖，需要与之进行殊死搏斗，此时死本能的冲动占据了高峰。这就是为什么婴儿既有对母亲的炽热的爱、渴望和依赖，也有对她炽热的恨、破坏和拒绝，爱与恨的情感和一个人对生死本能的体验是分不开的。有时候，我们可以从婴儿身上看到这种幻想的存在。例如，婴儿持续地哭泣和嘶吼，但是当母亲来到身边，他却拒绝喝奶继续哭。这时候母亲被他当作了那个折磨他的"坏乳房"，是他要抵抗和摧毁的人，他感到自己处于生死存亡的关键时刻，他的哭喊和眼泪就像武器一般消灭了敌人。这个过程在幻想中非常具象，躯体和内脏器官的感觉（诸如饱饿、排泄这样的生理体验）统统经由幻想，变成了与客体相关的有心理意义的感受，也因此影响着客体关系的性质。婴儿主动地幻想自己的体验，这是生命自发的精神运作。

必要的分裂

在婴儿的内心世界里，任何坏的体验都对应着"坏客体"。它既会威胁到婴儿的存亡，也会破坏婴儿内心的"好客体"。这个焦虑情境促生了婴儿最重要的幻想之一：分裂，目的是通过将内心世界分裂，保护自我不受过于强烈的焦虑影响。这种幻想相当生动，让婴儿相信自己可以把母亲分为好与坏的两个客体，自己也可以被分开，分别与好、坏客体建立关系。好、坏客体和自我的分裂让婴儿获得了控制感，感到自己与好客体的关系是安全的，而坏客体无法破坏这种关系。这相当于婴儿在焦虑中获得了一些内心空间，可以尽情地拥有好客体从而稳固这种好的体验，使婴儿一再地巩固和确认自身的安全、保护、留存和延续不会随时遭受威胁。与此同时,婴儿的死本能也在与坏客体的关系中得到表达,因为坏客体是泾渭分明、彻头彻尾的"坏人",那么无论怎么破坏、摧毁和毁灭它,都是可以承受的事。当好的体验足够坚固,婴儿的自我又会向整合发展,分裂与整合是婴儿时期重要的精神运作。

我想以电影《少年派的奇幻漂流》(*Life of Pi*)为例来讲述分裂的精神意义。这部电影是对婴儿期幻想的恢弘想象,它分为前后两个故事,在前一个故事中,少年派讲述了他的奇遇:遭遇海难后,他和动物们(鬣狗、斑马、猩猩和老虎)一同登上救生艇,在海上漂流200多天,历经种种不可思议的奇景,其间鬣狗为了生存袭击斑马和猩猩,而派和老虎联手解决了它,最终派和老虎存活了下来,老虎在上岸后走向一片森林消失了;而在后一个故事中,少年派对调查官讲述,当时救生艇上一共有四个人(厨子、水手、母亲和自己),由于厨子残忍地对同伴和母亲下手,自己终于被激发攻击性为母亲复仇，最后独自活了下来。

　　后一个故事看上去像是"现实"，它带来残酷的感受，让人知道那绝不是一场奇遇漂流，而是海难后在死亡恐惧的席卷下为生存做出的挣扎。但在这两个截然不同的故事掩盖下，隐藏着第三个故事：派的心理现实。无论是想象中的动物还是现实中的人，都是派内心的一部分，其中有他的凶残邪恶，也有对母亲的破坏。这如同婴儿将母亲的一部分体验为"坏"时，会唤起死本能最强烈的恐惧，同时要竭尽全力控制和摧毁"坏"，因而对母亲发起了攻击。虽然这一切发生在幻想中，但对婴儿来说却是一种心理上的现实，让他感到残酷和恐惧。这个心理现实因此被分裂出来而且孤立地存在于无意识中。海难激发出派最难以面对的心理现实，他既感受到生存的急迫和渴望，也感受到了自己唯恐避之不及的攻击性，在尖锐的矛盾中，他用两个不同的故事言说它，这也让他得以接触自己的攻击性：老虎既有锋利的牙齿，也带来面对恐惧的力量，这种欲望并不是纯然的坏。

幻想是我们精神世界中一个重要的伙伴和依靠,它让我们用自我可承受的程度接纳现实,而当时机恰当时,幻想又是我们了解现实的窗口。对婴儿幻想的描述,常给人以一种婴儿是疯狂的、婴儿像精神病的印象,实际上并不是这样。幻想并非顽固和一成不变的,无意识幻想和大脑发育、身体成长一样,发生着快速变化。母亲的回应和婴儿的幻想之间会产生密切又丰富的影响,特别是婴儿焦虑时,母亲的在场和回应尤其重要,及时的回应不仅会增强婴儿的好体验,也减少了坏体验带来的焦虑,而母亲的缺席和情感能力的匮乏不仅是满足的缺失,也增强了坏体验。

在克莱因看来,自我向着整合的趋势发展,当能力具备时会形成一个更能协调生与死、爱和恨之间的冲突的自我。而幻想的性质很大程度上影响着整合。试想一下,如果一个婴儿的幻想主要是破坏性质的,这意味着他大多数时候感到处于被坏客体破坏和摧毁的恐惧中,自身的死本能也极为活跃，他能做的恐怕只能是进一步运用分裂的幻想，而此时的内心世界被撕成了更多的碎片用以应对焦虑，自然无法有整合性的发展。所以幻想既是形成内心世界的精神运作，也有可能成为障碍，导致一些病理性的人格结构。

在正常发展的情况下，当婴儿与好客体建立起足够稳固的关系，可以说分裂的幻想会继续存在，但分裂的强度和迫切程度降低了，婴儿可以更多地容忍好坏客体的共存。此时焦虑使婴儿更多转向真实的客体，让自己的幻想和真实的客体产生更多的联系和交互。当婴儿有足够的能力认识好坏客体时，他也开始逐渐意识到，原来那个满足自己的"好妈妈"和那个让自己需要受挫的"坏妈妈"是同一个客体。原本对客体的截然对立的好坏幻想得到了发展，内心的客体和真实的客体也就更为接近了。对大部分人而言，由分裂到整合的发展都会在无意识中完成，从而形成幻想的能力和认识客体的能力。举个例子，有时候我们会明确地意识到他人和自己想象得不一样，正是因为我们具备幻想和认识客体的能力，我们才能够在心理上承受这种差异而不被任何一边主导，既知道自己是怎么想的，也知道客体是什么样的，这来自婴儿时期发展出的思考爱与恨的能力。

而在一些病理性的发展中，分裂的幻想严重扰乱了自我的发展，变成了主导自我处理焦虑的方式，这不再是用分裂来区分好与坏，而是用分裂来消除一切体验。这让婴儿的自我始终脆弱，越感到自己无法应对焦虑，越是处于一片混乱中——其实混乱本身就会被婴儿体验为灾难、迫害和毁灭性的环境，因为他感到那种环境并不适宜生存。婴儿感到自己的内心一点好的东西也没有，只能让自我崩溃，也切断了与客体的联系，这成为自闭、精神分裂等现象的基础。还有一种情况是过度分裂，由于婴儿感到与好客体的关系始终不够稳固，总是感受到来自坏客体的威胁，于是发展出极端的爱和恨，极端的爱朝向一个完美的客体（这不是好客体，因为完美的客体不接受任何的分离和局限），而极端的恨朝向一个全然的坏客体，两种客体都与真实的客体相去甚远。这使得婴儿在与真实客体建立关系时，执着于从客体身上寻求完美，任何不符合完美之处，又被当作敌人一般攻击，无法形成对客体完整的认识。"偏执"的情感就来源于此，我们感到无法与偏执的人讲道理，或者说我们很难从逻辑上说服自己的偏执，是因为偏执与"坏"的体验紧密咬合，在内心现实中，放弃偏执意味着自己将面临坏客体带来的毁灭性打击，因此需要严防死守。

正常的和病理性的发展同时存在于我们每个人的内心世界。用克莱因的话来说，这些婴儿期的幻想会在生命的不同阶段被重新经历，让我们感到痛苦而后又得到发展，这是一个持续进行的过程。对一部分人来说，痛苦较为持续地存在于生活中，比如总是无法与人建立情感关系，或者很容易感受到崩溃的情绪，而即便是情绪和情感状态相对稳定的人，也有面临极端情绪的时候，比如感到某些人完全的可恨和令人厌恶。总之，重回婴儿期的情境，感受自己的爱恨协调最为薄弱的部分，是生命中不可避免的经历。这也是克莱因的贡献之一，她的理论不仅适用于理解我们内心的冲突，也适用于理解极端和混乱的情感。

幻想

幻想就像是我们无意识中的"想法",婴儿通过幻想,将各种好与坏的体验转化为了思考:吮吸乳汁变成了通过口腔吸纳和拥有一个富足的生命之源,而饥饿变成了一个有待消灭的、残害自己的敌人。

当婴儿因饱足而感到愉悦时,母亲就被幻想为丰盛的、充满爱意的"好乳房";相反,如果饥饿超出了忍耐限度却还未得到满足,婴儿就会感到有一个无法提供满足的"坏乳房"在体内破坏自己,需要与之进行殊死搏斗。婴儿的情感生活如此惊心动魄,它非但不是宁静的,还充满了爱与恨的此起彼伏。

幻想的性质很大程度上影响着自我的整合。如果一个人在生命早期的幻想主要是破坏性质的,这意味着他大多数时候感到处于被坏客体摧毁的恐惧中,因此只能在内心世界中不断地运用分裂的幻想来区分好与坏,以此应对焦虑。这让他发展出极端的爱与恨,很难与他人建立情感关系,总是陷入"偏执"的状态。

婴儿期的幻想会在生命的不同阶段被重新经历,让我们感到痛苦而后又得到发展,这是一个持续进行的过程。

可怕的攻击性

在婴儿内心有一个重要的客体是"超我",它既代表道德、良心和自我理想,也是惩罚和罪疚的来源。某种程度上,它决定了我们是否可以自由地感受自己的本能或欲望,并且利用它进行联想和创造。克莱因在儿童身上观察到一个普遍现象:超我会给自我带来焦虑。也就是说,焦虑不仅是我们对外界环境的反应,也是我们对自己内心情境的反应。当我们感到内心正在发生超我所不允许的、批判的、禁止的事情(例如攻击、破坏等)时,我们就会感到焦虑。

克莱因在与儿童的工作中看到,有的孩子重复地玩类似的游戏,将两个玩具碰撞在一起;有的孩子游戏时克制而拘谨，无法忍受过程中有挫折；有的孩子会严厉地惩罚和折磨玩具；而另一些孩子害怕自己会因为游戏遭到惩罚……孩子们通过游戏象征性地表达出幻想：由于自己对客体有着破坏性冲动，因而害怕遭到禁止和惩罚，破坏性冲动越是强烈，超我也越为严厉。即便周遭没有人禁止他们玩游戏，他们的游戏也受到了限制。在游戏中创造性地表达欲望，本来是儿童发展出具有活力的自我的途径，但当这个过程受到超我威胁时，儿童不仅会失去与自身欲望的联系，也会失去创造性地与世界产生关系的机会。

超我从婴儿大约6个月大时就开始形成，此时婴儿会有更多与母亲分离的体验，例如断奶或者母亲有时需要离开。这种分离既让婴儿越来越意识到母亲是个独立的个体，她除了自己之外，原来还和其他人有着联结，这让婴儿对母亲的情感极其纠结。婴儿同时被唤起诸多强烈的渴望和挫败，打从心底希望拥有母亲，想通过吮吸得到全然占有母亲的满足，可又不得不经受与母亲分开和等待母亲的痛苦,这种在母亲那里遭受到的挫败,使得破坏性冲动也指向了母亲。母亲不再仅仅是一个被渴望的客体,也变成了一个带来痛苦的客体。婴儿将自身的心理体验放置到客体之中,将等待和分离之苦理解为是母亲给自己造成的痛苦,这意味着"婴儿有一种能力,能将不同种类的感觉(主要是爱和恨)归诸他身边的人们"。而当母亲再次回到婴儿身边时,婴儿感到母亲已经被自己的攻击性影响,变成了带有惩罚和破坏色彩的母亲。这种经验也随之进入了婴儿的内心,形成了超我,"婴儿所经历的外在世界、其影响与情境,以及他所遇到的客体。这些不只是被经验为外在的,而且被纳入自体之中,变成其内在生活的一部分"[1]。总的来说,婴儿的破坏性冲动有多强烈,他所感受到的母亲也就有多可怕,随之形成的超我也相应地带有严厉和破坏性。分离体验越是糟糕的婴儿,越会对母亲表现出攻击

---

[1] 梅兰妮·克莱因.嫉羡与感恩[M].吕煦宗,刘慧卿,译.北京:世界图书出版公司,2016:254.

性，也因此受到严厉超我的影响，让婴儿感到自己的攻击性是"原罪"，自己内心有着罪恶和羞耻的冲动，难以将之整合到自己的爱恨之中。

在对母亲的纠结情感中，婴儿也意识到了父亲的存在。父母之间的关系被婴儿感觉为一种失去母亲的危险，攻击性常常也指向父亲或者父母，从中我们能够理解，我们内心代表禁止、责备、管束的形象常常是诸如"严厉的父亲""冷漠的母亲"或者"父母站在一起发起指责"。这是超我的体现，内心父母的严厉程度相对于真实的父母来说总是更为激烈和极端，像是拥有绝对权力的审判者。例如，克莱因发现儿童在游戏中呈现出的母亲或父亲的形象，和他们真实的母亲或者父亲并不完全符合，在幻想中，儿童感到父母会由于他们的攻击，做出有伤害性的惩罚，既对自己的破坏性感到罪疚，也对可能来自父母的惩罚感到焦虑。

我想用一个日常生活中的现象来说明攻击性和超我的关系。大家应当见到过，儿童很容易感到父母的分裂是自己的错，例如父母争吵、暴力相向、分居或者离婚会让儿童相当焦虑。这种分裂的氛围正是通过幻想对儿童施加了压力和谴责。当历经父母的纷争时，儿童无意识中感受到父母的分裂与自己有关，由于自己对母亲和父母做出了破坏性的攻击，而使得这对夫妻的关系产生了裂痕甚至破裂。因为感到这是自己的错，我们常常能看到儿童为父母的争吵可以做出许多牺牲，例如围绕着母亲或父亲中较为脆弱的一方，担忧而体贴地不断提供照顾，在此过程中，儿童也在试图修复内心由于受到攻击而变得破裂的父母关系。

当克莱因说："一个孩子对任何表演（例如戏剧或电影）皆不感兴趣，也不会好奇地问问题，他的游戏很拘谨，只能玩一些没有幻想内容的游戏时，可以说他在求知本能上有了严重的问题，并且强烈压抑了他的幻想生活。"[1]我想这种描述也可以运用到成年后的生活

---

[1] 梅兰妮·克莱因.儿童精神分析[M].林玉华，译.北京：世界图书出版公司，2016：93.

中，作为我们看待自身幻想的一个角度，如果我们无法自由地体验欲望，那么对周遭世界的触碰也会变得小心翼翼，兴趣和活动也因此受限。所以当我们谈论什么是健康和自由时，我们可以考虑与超我有关的无意识幻想。

怀抱婴儿的母亲

以上谈到婴儿的自我、幻想和客体关系的建立，是我们诞生在这个世界上精神建构的基础。幻想代表着本能创造了客体关系，并以此为基础与真实的客体发生交互；自我并不是一个单一的个体，而是由一系列客体关系组成的聚合体。

克莱因对婴幼儿幻想的研究很容易给人一种印象：人似乎生来就是不快乐的，而为了获得快乐，必须围绕着生与死、好与坏、爱与恨展开一系列的斗争，自我焦灼地经历一次次的分裂和整合。还有一种印象是：婴儿的悲欢似乎与母亲无关，他内心的客体关系可以与真实的母亲大相径庭。例如，当他感到破坏性冲动的危险时，母亲就"变成"了坏人。那么真实的母亲位置在哪里呢？母亲的柔情与爱，对于她的婴儿有什么意义？又或者，假如有一些女人真的缺乏做母亲的能力，那么坏客体还仅仅是婴儿幻想出来的吗？依恋理论的提出者约翰·鲍比（John Bowlby）[1]对此曾经感到愤慨："可是，的确存在坏母亲啊。"

对于母婴关系，首先要明白的是，无论养育环境多么理想，都不会反向消除我们的本能或者破坏性。我们天然拥有生本能和死本能，能够感受到自我的存在受到威胁的焦虑，破坏性是我们精神世界的一部分。它意味着我们总是有一种本能，要摧毁那些让人感到危险的东西，而什么叫作危险可能是千人千面的，所以脱离婴儿本人来谈理想的养育环境，这本身并不可靠。并且，如果仔细想想，搞破坏本来就是童年的乐趣之一，那些为父母所禁止或者父母害怕的东西很容易引起孩子的兴

---

[1] 约翰·鲍比（1907—1990），英国发展心理学家。

趣,因此破坏性也使人不断探索环境的边界,以此发展自我。实际上,大部分家庭都可以为婴儿提供适合的环境,但现在或许可以加上一点,这个环境要允许孩子体验自己的破坏性。一个无瑕疵的婴儿期,或许来自我们内心理想化的婴儿,他柔软、敏感、向生而生,他的成长皆有赖于一个充满爱意的环境。一个好的环境当然是必需的,但作为母亲,不必将理想化的环境强加于自己身上,而是充分运用自己成为母亲后那些对婴儿直接的感受和爱,这便是足够好的环境了。

另外,母亲需要认识到自己也是一个拥有无意识幻想的人。她有能力爱自己的孩子,是因为她"有能力令人满意地处理针对他们(父母或兄弟姐妹)的恨与报复的早期情感"[1]。母亲和婴儿之间的关系,与母亲自己在婴儿期时与她的母亲的关系联结起来。成为母亲是女孩的愿望,许多小女孩都会玩扮演妈妈的游戏,她们通

---

[1] 梅兰妮·克莱因,琼·瑞维尔. 爱·恨与修复[M]. 吴艳茹,译.北京:中国轻工业出版社,2014.

过照顾洋娃娃展现了内心已经存在的幻想——如何像母亲那样拥有父亲、如何像母亲那样拥有孩子。当自己的孩子出生后，一个女人拥有了机会实现童年的愿望，其中最重要的幻想是关于占有和依赖的，婴儿展现出对母亲的依赖，激发了母亲相应的回应，也激发了她自身对占有和依赖的感受。一方面，母亲会自发地照顾婴儿，满足他对依赖的需要；而另一方面，母亲也可能通过照顾婴儿，来修复和实现自身对于占有和依赖的需要。如果自身的幻想没有得到恰当的处理，母亲反而会更加依赖孩子，不愿意与孩子分离，例如孩子和父亲或其他小伙伴玩耍，母亲会感到失落。这个时候，依赖和不分离是母亲的需要，她可能非常希望孩子永远将自己作为唯一的客体。

接下来，母亲有一个功能是为婴儿提供爱和恨的场所。我们已经知道，幻想是精神世界必不可少的运作，如果没有幻想，我们的精神将无法发展，也无法与这个世界建立联系。因此，母亲一定在某些时刻，对婴儿来说代表着坏人，或者被婴儿体验为他所恨的人。母亲允许这些情感存在，没有被婴儿带来的焦虑击垮，这一点是相当重要的。因为对婴儿来说，不仅仅依赖于好的体验来发展自我，更为关键的是，他的自我需要空间朝向整合发展。通过母亲的容纳，婴儿的内心拥有了一个空间，那些被幻想所分裂的爱和恨有更多的机会放在一起，相互碰撞交融，而不引起过分的毁灭性焦虑，这时婴儿的自我就会朝向整合进步。在此，我们也就更能理解鲍比所说的"确实的坏母亲"，是如何让事情变得更难一些，母亲功能的缺失或者失调（例如母亲被婴儿的哭闹激怒，进而严厉地呵斥他，又例如，有的母亲情感回应能力不强，无法对孩子做出恰当的反应），使得婴儿内射了一个艰难的空间，它狭小而充满禁忌，自我也因而朝向受限或进一步分裂的方向发展。

最后，母亲的另一个功能是根据婴儿的幻想来理解自己的意义，也就是把自己放在婴儿的位置上，从他的视角来看世界。很多母亲会自发地做这件事，她们投入在自己的婴儿身上，好奇他此刻在想什么、要什么，当感受到婴儿的需要时，母亲很高兴自己能够满足他。有时候母亲可以理解婴儿的烦躁，是因为等待对婴儿来说太久了。在这样的互动中，婴儿会逐渐内化一种理解自己的经验。值得注意的是，如果母亲认为她的责任就是共情和给予孩子爱，而自己没有任何需要也不期待回报，这可能会使她和孩子一起逃避内疚，过分强调自我牺牲。母亲的共情绝不是为了让她失去自我，而是理解孩子的感受和需要。当母亲没有过分地陷入孩子的需要，她的满足就不再单纯来自满足孩子，而是通过促进孩子的发展从而获得满足。

从克莱因的视角，母婴关系成为一个有趣的情境：当一位母亲抱着她的婴儿，或许她也同时抱着婴儿期的自己。

母亲的功能

母亲的功能是为婴儿提供爱和恨的场所。她一定在某些时刻,被婴儿体验为他所恨的人。母亲允许这些情感存在,没有被婴儿带来的焦虑击垮,这一点相当重要。

通过母亲的容纳,婴儿的内心拥有了一个空间,让那些被幻想所分裂的爱和恨有更多的机会相互碰撞交融,而不引起过分的毁灭性焦虑,这时婴儿的自我就会朝向整合进步。

反之，如果母亲对婴儿的哭闹加以严厉呵斥，或无法对孩子做出恰当的回应，婴儿便会内射一个艰难的空间——它狭小而充满禁忌，自我也因而朝向受限或进一步分裂的方向发展。

第二章 向内看焦虑

焦虑作为我们生活中最为普遍的情绪感受，时常被体验为对"未知的失控感"。当面临同样的情境时，人与人的焦虑感是不同的，这一再在生活中被验证。例如在经历重大的环境改变（像是疫情、自然灾害、经济危机等）时，不同的人对此的想象和焦虑程度反映出带有个性色彩的情感。这意味着人们内心的现实是不同的，例如灾难意味着毁灭还是暂时的危机，是全然的失控还是棘手的问题，皆来自我们对现实情境的幻想，由此引发的感受和反应也截然不同。

焦虑代表着我们内心的冲突达到了不可容忍的地步，有冲动在迫使我们想要"做点什么"，而冲突的性质和强烈程度来自内心的情境。克莱因根据焦虑的性质将它分为了偏执–分裂心位的焦虑和抑郁心位的焦虑。

偏执–分裂心位的焦虑主要是对自身的存在感、延续性和完整性的焦虑，从而偏执地警惕客体会带来侵略和破坏。这种心位的焦虑常常让人感到汹涌又剧烈，因为它的内心情境是有人恶意地侵蚀自己的存在，自己也因此充满了战斗和破坏的能量，所以被体验为不可阻拦的破坏冲动。

抑郁心位的焦虑主要是对客体完整性的焦虑，担忧自身的情感（特别是攻击和恨的情感）会殃及和伤害客体，甚至失去客体，因而充满了抑郁色彩。这种心位的焦虑让人感到内疚和冲突，徘徊在是否伤害到他人的担忧当中。

这两种心位在婴儿时期就已形成，并同时存在于我们的内心，我们会在不同的情境体验到两种焦虑，就像会在不同人面前展现出"不同面向"的自己。本章主要介绍偏执–分裂心位以及这种心位中的焦虑、客体关系和情感特征，抑郁心位将在下一章详细介绍。

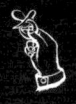

内心现实

现实中的事件在无意识中的情感和意义，构成了我们的内心现实。

我们总是透过内心现实来看待外界。

任何人或情境引发的焦虑，都是由于我们的内心现实赋予了其特殊的情感意义。

无意识中的内心现实

　　克莱因曾经接待过一位青少年来访者，他在旅途中和同伴交换了脚踏车，之后总担心自己已经破坏了那辆车。仅从逻辑来讲无法解释他为何会焦虑，而经过一番分析后，才发现在这位少年内心，这代表着不可容忍的与性相关的交换，焦虑感来自他感受到自己在做令人无地自容的事情。现实在我们内心所代表的意义和情境有可能是完全不同的，内心的现实是指无意识中我们感到自己身处其中的情境。

　　由内心现实引发的焦虑统称为无意识焦虑。之所以说它是无意识的，是因为我们无法直接"看到"焦虑的情境，也不了解焦虑的缘由，却已经感受到心神不宁。

它更靠近幻想，并且受到一系列自身防御机制的抑制。在前一章，我们了解了人类在婴儿时期对现实的感知和理解主要建立在幻想之上，随着心智的发展，幻想和现实彼此影响，使我们内心的现实更为接近外在的现实，但无论我们的内心如何发展和修正，不变的是幻想是个性化的、独特的对世界的理解，我们总是透过内心现实来看待外界。

我们可以通过克莱因的一个临床片段来看到内心现实的存在和影响。理查德是一个10岁的小男孩，当时他的分析即将面临结束，而在倒数第二次分析时，他独自玩起开火车的游戏。当两辆火车靠近时，他会发出怒吼，他的游戏的核心就是避免两列火车相撞。

当时由于已经进行了一段时间的分析，克莱因和理查德都明白，两列火车代表着两个人，这个游戏代表着他在焦虑地避免两个人的冲突。于是克莱因开始关心，理查德是否在担忧他和自己会发生冲突？理查德一再表示他要调整下次分析的时间，而实际上，他要求调整的那些时间正好是克莱因给其他来访者的时间。也就是说，理查德一边为冲突而焦虑，一边也在制造与克莱因的冲突，这也能看到他的内心现实正在处理一个与冲突有关的情境。在调整时间的请求遭到拒绝后，理查德开始感到胃痛。

克莱因向他解释，一列火车是代表着好妈妈的克莱因，而另一列火车则代表着怀有敌意的来访者们，理查德期待这两列火车在自己的内心发生碰撞，以便让克莱因远离这些愤怒的来访者。之后理查德的焦虑缓解，疼痛也消失了。这也揭示了理查德的内心现实：一个离开的母亲和一个愤怒的孩子之间的关系。即将失去克莱因（分析结束）引发了理查德内心的敌对状态。但他将自己的愤怒放在了其他来访者身上，认为他们（而不是自己）会与克莱因发生冲突，这正说明了愤怒对他来说相对困难。可以说理查德无法处理分离，是因为他内心对母亲的渴望和愤怒会发生冲突,这是他焦虑的缘由。[①]

一直以来,精神分析都关注内心现实对人的影响。也就是说,现实中的事件本身并不构成我们精神世界的一部分,而是这些事件在无意识中的情感和意义,构成了我们的内心现实。克莱因在儿童精神分析中发现,内心现实具有惊人的力量。最初,她认为外界对儿童的某些限制给他们造成了游戏和人格发展的困难,并且试图去除一些外界干扰,给他们宽松和鼓励的环境,但后来她发现这些孩子的发展仍然受到限制,因为他们的情绪和言行很大程度上是受到内心现实的支配。

无意识如同我们精神世界最为深层和基础的结构,婴幼儿时期的经验从未消失,也不会被覆盖,而是以"不知道"的方式存在于无意识中,持续地影响着当下的生活。现在我们可以稍微深入内心现实,看到它的基本单元是客体关系。"对幼童的分析让我了解到,每一

[①] R. D. 欣谢尔伍德.临床克莱因[M].杨方峰,译.北京:中国轻工业出版社,2017: 87-90.

种本能的冲动、焦虑情境、心理过程都牵涉到客体（外在或内在的）……客体关系是情感生活最核心的部分，而且爱与恨、无意识幻想、焦虑与防御，也是在生命一开始就展开运作，它们从最初就和客体关系密不可分地联结在一起。"[1]也就是说，我们的焦虑总是与一种客体关系有关，渗透到了日常生活中从具体到抽象的层面，包括具体的和亲密之人（父母、恋人/伴侣、孩子）的关系，也包括自己与物质的关系，或自己与文化（社会文化和道德、主流群体、亚文化群体）的关系，或者更抽象意义上的自己与成就、创造、美好、自由的关系。

从克莱因的视角来看，我们之所以可以与外界丰富的客体产生联系，是因为客体引起了我们无意识的关注，使得我们可以将之与自己的内心现实联系起来，继而产生情感关系，而焦虑就是一种重要的信号。克莱因的作品大量着墨于对内心焦虑情境的描述，包括攻

---

[1] 梅兰妮·克莱因.嫉羡与感恩[M].吕煦宗，刘慧卿，译.北京：世界图书出版公司，2016：56.

击、贪婪、嫉羡等主题，犹如精神分析领域的"格林童话"，展现内心现实中必然存在的残酷和破坏，展现爱和恨整合之艰难。这些情感之所以会引起焦虑，皆因这些情感所附着的客体关系不允许某些情感存在。

举例来说，若一个人内心存在着"高高在上的道德审判者—胆战心惊的孩子"的客体关系，那么当这个人面对父母、领导、老师等地位高于自己的人时，即便他们有使人恼怒的不当言行，这个人也有可能过度压抑自己的愤怒而不表达意见，因为愤怒会受到内心审判者的鄙夷和批判，令他感到自己在羞耻地违逆犯上。又或者，如果一个人内心存在着"嫌恶的母亲—渴望亲密的孩子"的客体关系，那么他和别人有一些亲密举动时也可能感到尴尬和厌恶，因为那代表着他的渴望正在遭受内心母亲的羞辱。

内心现实反映出每个人独特的生命体验，即使生活在相同环境中的两个人，也会拥有不同的内心现实，它是我们形成"自己是谁"的内心环境。因此当我们对任何人和情境感受到焦虑时,这是由于内心现实赋予了其特殊的情感意义,识别来自内心的焦虑,也成为我们了解自己的重要途径。

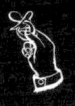

焦虑

我们的焦虑总是与一种客体关系有关，包括具体的和亲密之人的关系，也包括自己与物质的关系，或者更抽象意义上的自己与成就、创造、美好、自由的关系。

内心的焦虑情境大多包含攻击、贪婪、嫉羡等主题，这些情感之所以会引发焦虑，皆因它们所附着的客体关系不允许某些情感存在。

若一个人内心的客体关系存在着"高高在上的道德审判者—胆战心惊的孩子"的模式，那么当面对地位高于自己的人时，他便敢怒不敢言，因为愤怒会受到鄙夷和批评，令他感到自己在羞耻地违逆犯上；而"嫌恶的母亲—渴望亲密的孩子"的模式，会让人在亲密举动中感到尴尬和厌恶，因为那代表着他的渴望正在遭受内心母亲的羞辱。

"我"还在不在？

偏执-分裂心位来自婴儿对内心世界的分裂，他们努力使安全与危险的情境分开，保护内心的好客体、破坏坏客体，这两个部分发生混淆时会带来自我消亡的危险感受，而在婴儿期，"内在死本能的运作，感觉如同灭绝（死亡）的恐惧，以迫害恐惧为表现形式……被体验为对无法驾驭、过于强大之客体的恐惧"[1]。也就是说，婴儿不仅认为内心感受到的危险来自外部，也将它视为强大的敌人。在这种心位上，主要的幻想是分裂，而焦虑是偏执性的被害焦虑。焦虑来自一种幻想中的客

---

[1] 梅兰妮·克莱因.嫉羡与感恩[M].吕煦宗，刘慧卿，译.北京：世界图书出版公司，2016：5.

体关系：客体朝向自己的攻击如此猛烈而带有迫害性，足以使自我支离破碎，而自己也因此竭尽全力地攻击客体，这是偏执–分裂心位最为基础的内心情境。一旦有什么事情激发我们偏执–分裂心位的焦虑，带来的感受也类似于此。

这种焦虑会造成怎样的影响呢？克莱因的案例露丝[①]来做分析时4岁3个月大，她固执地黏着母亲，和陌生人交往时高度焦虑，在分析中也完全不理睬克莱因，必须和自己的姐姐一起待在分析室里。直到克莱因观察到她在玩一个重复的游戏：把小球放进包里。克莱因向露丝解释，这些小球代表母亲肚子里的婴儿，她想把这些婴儿关起来，这样就不会有弟弟妹妹了。露丝听后第一次真正注意到了克莱因的存在，她们的分析关系也因此建立。随后的分析在此不再展开，借此想描绘露丝的内心在面对怎样的焦虑情境：露丝两岁时，她的母亲怀

---

① 梅兰妮·克莱因.儿童精神分析[M].林玉华，译.北京：世界图书出版公司，2016：24.

孕了，这对她的冲击相当大，她感到自己失去了母亲，也对母亲怀孕和生孩子的能力感到震惊和嫉妒，因为她感觉自己并没有这样的能力。这让她感到母亲变成了完全不需要自己、随时可以抛弃她的坏母亲，她产生了夺走母亲身体里的孩子，使母亲失去怀孕能力的破坏性冲动。这个焦虑情境让露丝非常恐惧母亲，她感到自己很坏，也害怕母亲真的会因为自己的破坏而抛弃她，于是固执地依恋母亲。偏执–分裂心位的焦虑代表着我们内心最为可怕的一部分，它意味着婴儿对残忍性和迫害性有着切实的体验，虽然其中的迫害者和受害者都是婴儿的幻想，但却发生了不可挽回的惨剧——恐怖片常常对此有所展现，鬼、异形、庞大生物代表着令人惧怕的迫害者，而人也想尽办法消灭和控制它们。正因为如此，偏执–分裂心位的焦虑也通常被防御——处于意识之外。

通过史蒂芬·米切尔（Stephen Mitchell）的案例雷

切尔[①]可以看到，这种无意识的焦虑如何贯穿在成年后的情感生活中。雷切尔是一位二十多岁的女性，经过几年的分析后，她想起来两个很多年都没有想到过的意象：一个意象是脆弱的鲜花，另一个意象是由粪便组成的巨人。这两个意象总是绑定在一起，她无法在想到一个时不想起另一个，也不理解为什么会这样，这导致她焦虑粪人会摧毁鲜花。雷切尔的童年极度艰难和悲惨，父亲在她不到一岁时就去世了，身心衰弱的母亲将她交给养母抚养。但养母患有精神分裂症，有时似乎很爱她，有时又会虐待她，她几乎不可能得到任何支持。

后来雷切尔渐渐明白，粪人与鲜花代表着两种截然不同的体验，它们既无法分开，也无法组合在一起，这种结构其实贯穿了自己童年和成年。一种经历是她对自己和他人都有不祥和沉重的感觉，自己生活在一个糟糕的世界，心中充满憎恨，既无法解脱也无法逃避。而另

---

① 史蒂芬·米切尔.弗洛伊德及其后继者[M].陈祉妍，黄峥，沈东郁，译.北京：商务印书馆，2007：109.

一种经历是隔离，有时和别人待在一起，她也会进入隔离状态，那些憎恶和忧郁完全消失了，享受着诗歌和音乐带来的温暖，并且感到那些诗人和作曲家也对自己有温暖的感觉，她"穿越时空"和这些人发展关系。

粪人和鲜花的分裂可以说是雷切尔赖以存活的幻想，粪人代表她生命体验中的污糟，它威胁着要污染一切的美好，而鲜花代表着需要小心呵护的微小美好，也成为支撑她内心的一点光亮。这使她的生活状态被完全分隔开来——憎恶与温暖分隔、真实的人和虚幻的人分隔。粪人和鲜花的组合是她人格中的"裂痕"，她的生命体验也因此断裂式地跳跃。当雷切尔渴望将它们结合在一起，让自己体验到更多的连续性时，她需要穿越的恐惧是去依靠真实的人，面临在与人的关系中那些突如其来的丧失、遗弃和不可莫测带来的恐惧感觉。

是否能成功克服偏执–分裂心位的焦虑，决定了婴儿对世界的基本信任，很难想象婴儿要如何信任一个充满迫害者的世界。这种焦虑广泛影响着婴儿生理和心理的发展，比如当婴儿被毁灭的焦虑搅扰时，他的进食会受到影响，他很难安然地享受食物，疑心那是来自迫害者的有毒之物。婴儿之所以通过幻想竭尽所能控制住焦虑，恰好是因为渴求一种自我完整的、安全的、存活着的感受，而自我需要在这样偏执和分裂的情境中得到锻炼和发展。但如果偏执-分裂心位的焦虑太强烈，婴儿也会丧失发展自我的信心和动力。比如像雷切尔那样，由于母亲处于衰弱的状态，她很可能无法对雷切尔有足够的照顾和回应。当雷切尔还在试图消化这些艰难时，下一个重创——与母亲分离——就接踵而至，让她陷入窒息般的恐惧，进一步用分裂来维系自我的存在感。这让她虽然长大成人，精神上却还需要大量依靠分裂的幻想来维系自我，难以与人有真实的情感关系。这些克服焦虑的过程完全是无意识的，而克莱因的心位理论给人们打开了一扇窗，得以锚定和理解焦虑对应着怎样的内心困境。

当偏执-分裂心位主导着人格，也就是说，一个人核心和主要的焦虑是迫害性质的时候,这会给人带来什么样的困扰?首先,自我会处于不聚合的状态,因为需要急迫地处理迫害性体验,自我不断分裂用以应对焦虑而失去了凝聚性。具有凝聚性的自我会带来自我完整感,对于自己和他人的品质有基本稳定的感受,而如果缺乏凝聚性,自我则处于混沌当中,各种念头、想法、情绪和感受不连续地萦绕在内心,常让人对自己是谁没有足够的确认感,对人抱有警惕和怀疑,从而难以恰当地理解情绪和与人沟通。例如,有人会在倾诉时感到自己说的都是无意义的沉重包袱,非常担心这些东西不仅压垮自己,也会压垮听自己讲话的人,这样的感受就来自不凝聚的自我。

其次,偏执-分裂心位的客体关系本质上是自恋性质的:为了处理自己的焦虑,将"好"的部分投射给客体然后爱着他,将"坏"的部分投射给客体然后恨着他,这相当于通过客体和自己建立关系,使得一个人的内心活动始终围绕着"自己",与别人实际上并没有多大关系。由于这种自恋性质，当事人无法真正地进入这段关系——了解客体是什么样的人、他真实的感受是什么。而且基于偏执–分裂心位建立的客体关系，多半带着操控性或者给人容易破裂的感觉，因为迫切而强制地需要客体和自己想得一样，对别人的容忍程度也不高。例如，人在偏执–分裂心位的焦虑的推动下，会感到别人身上的缺点是丝毫不愿见到的缺陷和错误，最为迫切的需要是让那些令自己感到不舒服的东西消失，比如"你改掉，我就好了"，很难反思是什么带给自己如此难受的感受。

最后，偏执–分裂心位的焦虑会让人容易陷入孤独感和分离恐惧，因为在这种焦虑中，更多的情感是对自己的担忧以及对客体的攻击，而爱的流露和表达非常有限，让人打心底里感到自己和所有人的关系都缺乏质量。在这种心境下，独处和与人分离常常让人感到可恨，因为这像是"被人遗忘和抛弃"的孤独绝境——就像《寻梦环游记》（Coco）里说的：没有人记得自己的时候，是一个人真正"死亡"的时候。这很容易造成一种恶性循环，越孤独越渴望有人可以填补这种空洞的感受，和人相处时就越容易因为焦虑而攻击他人，这加剧了"没有好的关系"的体验，难以独处的人常常有这方面的困难。

潜在的焦虑

偏执-分裂心位的焦虑对绝大多数人来说是一种潜在的焦虑。它就像豌豆公主感受到的"硌硬",很多时候说不清那是什么,但迫切地想要去除不舒服的感受。没有思考过程,没有冲突感,只想就这么做——偏执-分裂心位的力量就是如此直接而有力。

当偏执-分裂心位主导着人格,这个人感受到的焦虑主要是迫害性质的。它让一个人的自我处于混沌当中,常常无法恰当地理解情绪和与他人沟通。围绕着他的客体关系也多半带着操控性或者给人容易破裂的感觉,他难以容忍别人和自己想得不一样。这样的焦虑也更容易让人陷入对孤独和分离的恐惧。

潜在的焦虑

偏执-分裂心位的焦虑对绝大多数人来说是一种潜在的焦虑，它就像豌豆公主感受到的"硌硬"，隔着厚厚的床垫感受到"某物"在令自己辗转，很多时候却说不清那是什么，迫切地想要去除不舒服的感受。它的存在是一种无形的力量，推动我们做出行动，而不是经由思考做出决定。

例如在美剧《了不起的麦瑟尔夫人》（*The Marvelous Mrs. Maisel*）中就能看到一个普通人心中偏执-分裂心位的力量。在19世纪50年代的美国，麦瑟尔夫人满怀激情地做着家庭妇女，她满足于做那个丈夫眼中美丽的女人，积极支持他的事业和爱好，但是丈夫却意外地与一个自己看不上的秘书出轨了。这种刺激像是对她生活信念的全盘否认，让她在酒醉后误打误撞走上了脱口秀舞台。在脱口而出的氛围之下，她开始肆无忌惮地调侃夫妻、父母、男人与女人的关系，说着自己平时从不会说的粗俗又过瘾的话语，她的大胆和幽默立刻受到了欢迎。

但当麦瑟尔夫人逐渐拥有更大的舞台，例如和大明星合作、在豪华剧院办脱口秀演出时，她就会感到让自己有归属感的，永远是破破烂烂的小酒吧和脱衣舞俱乐部。只有在这些地方，她才感到完全遵从自己的意愿，想说什么就说什么，因而冲动地一次次放弃自己的机会。

无论是开始讲脱口秀还是从更大的舞台撤回，都是麦瑟尔夫人冲动之下的行动：没有思考过程，没有冲突感，只想就这么做——偏执–分裂心位的力量就是如此直接而有力。即便自己的脱口秀受到欢迎，恐怕在麦瑟尔夫人的心里也会感到这些是没有办法"登堂入室"的东西，她享受的是在一个不引起太多关注的地方将它们脱口而出。这也展示出一种内心情境：那些关于"男人、女人和性欲"的内容和破坏性联系在一起，被尘封在一个破破烂烂的角落。

对每个人来说，婴儿期都不是风平浪静的，早期自我发展必然面临偏执–分裂心位的焦虑，当自我逐渐拥有功能更为全面和完善的防御（例如压抑）时，这种焦虑会相对安稳地存在于无意识中。但是在生命的任何阶段，某些情境可能再次激发出偏执–分裂心位的焦虑。下面是汉娜·西格尔（Hanna Segal）[1]的临床案例A先生[2]，从中我们可以更为深入地看到，在没有严重精神障碍的人身上，偏执–分裂心位焦虑所产生的影响。

A先生是一位中年律师，他无法面对有攻击性的客户，难以按时结束和客户的会谈。他最近接了一些案

---

[1] 汉娜·西格尔（1918—2011）是克莱因学派代表人物之一。她深刻阐述了克莱因的理论，主要发展了象征形成等主题。

[2] SEGAL H. Introduction to the work of Melanie Klein[M]. London: Karnac, 1988: 31.

子，为他带来了丰厚的回报，可他总感到自己的成功很寒碜，令他内疚又羞愧。由于其中一些客户抽烟很厉害，他把他们称为"烟枪"。在分析中，A先生讲述了一个梦：

> 他的公寓和办公室相邻，公寓里挤满了一群烟枪，他们抽烟又喝酒，并且不断向他提出要求。他意识到由于这群烟枪的入侵，他无法准时去办公室见客户了。在一阵愤怒的绝望中，他开始驱逐这群烟枪。这时妻子走进来告诉他，因为他无法应付这些烟枪和客户，她已经替代他去见了分析师。

A先生认为梦里的这些烟枪代表自己的一部分——对成功、金钱和廉价的满足的贪婪，这部分把他的生活和分析搞得一团糟。然而分析师也注意到，他的联想中有一个明显的遗漏：分析师本人也是个抽烟很厉害的人，而且这一点在过去的分析中经常被提到，A先生觉得抽烟代表分析师是个危险的女人。也就是说，A先生只意识到梦里有一个他想见到的分析师，却并未意识到梦里那一群烟枪实际上也代表着分析师。

结合梦、A先生的联想和遗漏，可以看到A先生的分裂：他不仅把同一个客体（分析师）分裂成两个部分，一部分是他妻子去见的分析师，这个分析师在他的感受是好的；而另一部分是一群带有侵入性的烟枪，而且他还把坏的部分分裂成了许多碎片（一群），僵硬而吃力地维持着分析师好与坏的分裂。

A先生对客体的分裂也伴随着他对自我的分裂，在梦中，他自身好的部分是愿意接受分析的来访者，这部分由他的妻子代表，这和好的分析师联系在一起；而坏的部分是"想要经手更多客户、赚更多钱"的贪婪，这部分则和坏的、碎片化的烟枪联系在一起。通过这样的分裂，他得以保留了一个好客体。

这也说明了为什么A先生无法处理好和客户的关

系，A先生感觉他的客户实际上和分析师一样不是"完整的人"，而是"好与坏的碎片"，他不仅无力认识每个人身上的优缺点，而且需要焦虑地应对那些"坏的碎片"，这就像每个客户都坏得四分五裂，每个碎片都是需要应对的迫害者，这引起了他难以承受的焦虑。他无法像对待自己内心的客体那样，真的把这些客户分裂和撕碎，于是只能对客户感到愤怒和无力。

这个案例反映了在成年人内心依旧存在着婴儿时期的幻想。克莱因认为与偏执–分裂心位相关的分裂会持续影响整个人生，在个体和他与周围世界的关系中永远都有着重要性，即使是成年人对现实的感受也从未脱离偏执–分裂心位的影响。

信任的能力

偏执-分裂心位给自我的发展带来了许多意义，分裂让婴儿在生存的焦虑中有了情绪稳定的空间，可以累积和巩固与好客体的关系。他不断反复地检验客体是否值得信任，也体验自我是否足够强壮，逐渐地从追求纯然的爱转化为追求有希望的爱——即使客体带来了挫败，也相信这不会危及生命。这种信心和安全的感受足以支撑自我进一步转向外界，克服和面对迫害焦虑的能力也增强了。这个过程反复地发生在婴儿和儿童身上，即便是年龄大一些的孩子，也能看到他们需要好与坏的分裂，他们会喜欢分辨动画片里的角色——哪个是好人、哪个是坏人。在遇到需要辨别好坏的情境中，我们会无意识地重回分裂的状态来整理自己的感受。这种能力是不可缺失的,它可以让一个人在"不信任"的状态中真正体会好与坏的分量和感受,得到足够的检验和确认后又萌发出更为可靠的信任感。

又例如,健康的人格并不是完全不存在分裂,它本身就包括了无意识和意识的分裂。总的来说,无意识的存在意味着某些东西我们需要"隐藏"到连自己也很难找到的地方,比如生命早期的死本能焦虑。而在健康的人格中,无意识和意识之间能够存在一定的交流,一个人可以联想自己无意识里发生了什么。这建立在分裂的基础上,恰当的分裂让一部分心理内容压抑在无意识中,不过分干扰人格的发展。

随着对好与坏经验的整合和对客体认识的发展,偏执–分裂心位会进一步向抑郁心位发展,其中最重要的基础是婴儿和好客体在一起的体验,好的客体关系在内心现实中占据主导,让婴儿拥有了一种信心:自身的生本能多于死本能,而客体和自己在总体上是好的。这是克莱因理论所论述的爱恨平衡，我们不需要完美的环境和体验，就可以顺利度过偏执–分裂心位，一旦好的体验足够支持自我，自我就朝向更为聚合的方向发展，而好与坏的博弈将永远存在。

第三章 内疚与爱的危机

"成人在生命后期每次经历哀伤时,童年早期的哀悼就会重来一遍。"[1]当克莱因写下这样的句子时,她为我们生命中每一个经历哀伤的时刻做了一个注脚:哀悼的能力形成于童年。失去重要的客体对所有人来说都是伤痛和考验。从心理意义上来讲,客体不仅是对我们来说重要的人,也泛指一切对我们有情感意义的事物。丧失是一种来自外部现实的事实,而我们的情感反应则来自内部现实:失去客体对我来说究竟是失去了什么?这带来什么样的创伤和意义?我如何看待这种失去?如

---

[1] 梅兰妮·克莱因.爱、罪疚与修复[M].杜哲,等译.北京:世界图书出版公司,2018:334.

何度过哀伤和从中恢复？内心的现实影响着抑郁的强弱和哀悼的难易。

一个小孩可能由于失去了他每晚抱着睡觉的毯子而伤心，因为毯子对他来说，代表着一个可以安抚他的妈妈；一个成人也可能在面对亲人去世时产生不真实的幻灭感，因为他不再感到自己和世界有坚实的联系。有的时候甚至失去一些所谓"不好"的东西也会让人感到抑郁。例如有人想远离自己怨恨或厌恶的父母，虽然这是一种解脱，但也会使人感到丧失，因为这意味着丧失了自己和这个世界唯一熟悉的情感联系。

当丧失不可避免地以或大或小的方式突如其来时，我们总会自发地进入一种抑郁和修复的过程，内心酝酿着这场失去要如何度过。当我们把情感寄托于客体，那就意味着，我们内心寄托于一种幻想，即自己和客体之间是否能产生爱与被爱关系的幻想。而这种幻想的形成来自生命早期。这也就是克莱因所说的，任何哀伤，都关乎我们在童年早期形成了怎样的哀悼过程。

最初的丧失与哀悼

克莱因所说的童年早期是指婴儿6个月到12个月期间。婴儿意识到爱恨指向的是同一个母亲，抑郁的感觉会达到高峰。如上一章里所描述的，在6个月之前，婴儿内心的客体关系由偏执–分裂心位主导，这意味着妈妈如果满足了婴儿需要被照料和给予情感回应的需要，那么妈妈在婴儿内心就是好客体，如果婴儿在有需要时遭到了挫败，妈妈就是他需要攻击的坏客体。但随着自我的发展，婴儿对客体的认识能力提升了。也许可以这样说，这时婴儿经历了一种如梦初醒的体验：原来自己内心感受到的好妈妈和坏妈妈是同一个妈妈；原来对好妈妈的爱和迷恋与对坏妈妈的恐惧和攻击，竟是对同一个妈妈的情感；原来那些针对坏妈妈发起的攻击和破坏竟也伤及了好妈妈。此时婴儿体验到了抑郁心位的焦虑，无可避免地因攻击妈妈而产生内疚和失去客体的恐惧。

抑郁心位对婴儿来说是一场考验，他现在知道了，自己深深依赖着的母亲并不属于自己，一方面是在各种挫败（例如断奶、分离）之中被激起攻击母亲的冲动，而另一方面是克莱因称作渴慕（pining）的情感，极度地害怕失去母亲（妈妈不见了，妈妈不回来了），渴望重新找回母亲。比如断奶会给婴儿带来非常艰难的感受，他因为丧失了原本熟悉和依赖的生命之源而变得非常焦虑。这种挫折激起的破坏性冲动让婴儿把母亲当作坏人来攻击，他感到正是母亲带走了满足的源泉而导致了自己的焦虑。可是婴儿也害怕自己猛烈的攻击会"破坏"母亲，让她无法保持慈爱的状态，让自己彻底失去了依赖的怀抱。于是忍受挫折就成了婴儿生命体验中必然的一部分，这是我们生命早期重要的丧失。

克莱因说:"受到哀悼的客体是母亲的乳房,以及乳房和乳汁在婴儿心里代表的一切,也就是爱、美好与安全。婴儿会觉得失去了这一切,而之所以失去,都是因为自己对母亲乳房无节制的贪婪、摧毁幻想和摧毁冲动……在幻想中攻击所爱的客体,并因此害怕失去……从而产生罪疚感与丧失感。"[1]当母亲离开了,婴儿内心关于这个客体的形象并不会立刻消失,他心里仍然会记得和感受到母亲的存在,他独处的感受就取决于这个内心的母亲是什么样的。内心的母亲令婴儿感到自己仍然拥有爱和满足,但是这个时间是有限的,随着母亲不在场时间的增长,内心的母亲会变得越来越模糊。婴儿对于妈妈的渴望逐渐变成了不可承受的焦虑,特别是在饥饿等感受的共同侵蚀下,婴儿充满无助地感到自己不能控制妈妈立刻出现,开始攻击心里的母亲。在攻击和破坏中,婴儿仿佛目睹了那个可亲的母亲被自己"破

---

[1] 梅兰妮·克莱因.爱、罪疚与修复[M].杜哲,等译.北京:世界图书出版公司,2018: 334.

坏"，开始感到强烈的内疚，他对自己是否能拥有好母亲充满了忧虑。这也就是为什么婴儿很难忍受母亲长时间的离开，那不仅是生理上的匮乏和恐惧，更重要的是，这影响了内心爱和安全的感受。

这个哀悼的过程埋藏在无意识中，影响着我们一生对于依赖、分离和丧失的感受，断断续续地反复重温和完善。母亲的照顾可以帮助婴儿处理这种丧失感。当婴儿内在充满了对客体的焦虑和恐惧时，这种焦虑也促使婴儿不断进行现实检验，去感受他的母亲是否真的如同幻想中一般，因为遭到攻击而对他生气，忽略甚至遗弃他——这些都意味着母亲真的被他的攻击和恨所破坏了，而且还有可能因此报复他。这个过程中焦虑是不可避免的，但如果婴儿仍然能保留住对母亲的爱，特别是没有失去拥有母亲的信心，就能进一步面对抑郁和丧失的感受。

我们很容易观察到童年期间孩子每一个阶段性的成长，似乎都伴随着短暂的"退缩"。当孩子明显对外界产生了更多的兴趣，有了更多玩耍和独立探索的能力，却反而容易有一个看似"退缩"的时期，特别需要回到母亲身边与她黏在一起。这就是一个普遍存在的通过母亲来确认内心客体仍然完好的现象。如果缺乏了与妈妈的亲密和快乐，儿童会更多感受到矛盾的情绪，对于自己获得爱的信心没有那么坚固，这会使他将更多的注意力放在内心的焦虑上，限制他在独立性和兴趣方面的发展。内心的现实已经成了儿童累积生活经验的主导，他对所有事情的感受都会在内心现实的基础上进行加工和吸收。

丧失与抑郁的体验

当我们6个月到12个月大时，内心抑郁的感觉会达到高峰，因为这时候我们意识到自己的爱恨指向的是同一个母亲。那些针对坏妈妈发起的攻击竟也伤及了好妈妈，此时我们无可避免地因攻击妈妈而产生内疚和失去她的恐惧。这便是我们生命早期的重要丧失。

内疚感让婴儿试图去修复自己带来的破坏，在这么做的同时，他一遍遍地在体验爱恨冲突给自己和母亲带来的影响。母亲若能给予较好的回应，便可以让一个人对获得爱抱有信心；反之，则会让他的爱和恨相互分裂而对立，成为潜藏在人格结构中的抑郁症或躁郁症的基础。

电影《小妈妈》（*Petite maman*，2021）展现了儿童如何运用幻想来帮助自己度过抑郁心位的爱恨冲突。奈莉8岁时外婆去世了，她与父母一起回到母亲的故乡处理后事，住进了母亲小时候生活的林中木屋。母亲心情非常抑郁，奈莉想和母亲在一起，却走不进她的内心。奈莉知道妈妈小时候在树林里修建了一座小木屋，于是她走入了树林。

在树林中，奈莉遇到了和自己同龄的小女孩玛丽安。跟着玛丽安回家后，她惊讶地发现玛丽安就是小时候的妈妈，而外婆当然也在世，一切悲伤与丧失仿佛都没有发生过。奈莉没有立即告诉玛丽安自己的发现，而是和她痛快地玩了起来。她们一起过家家、划船、搭建木屋，奈莉又变成一个快乐的小女孩了。在即将分别之际，奈莉告诉玛丽安自己是玛丽安未来的女儿，也讲述了外婆的去世，玛丽安说："那么我觉得，我的悲伤可能和你没有关系。"之后,奈莉与玛丽安告别,回到了母亲身边。奈莉端详了母亲好一阵子,没有叫她妈妈,而是用母亲的名字"玛丽安"呼唤了她,两人随即拥抱在一起。

我们可以看到树林中的奇遇显然是奈莉的幻想,因为母亲处于抑郁,给奈莉带来了丧失感,母亲传递的空洞与不安,使她心里爱着的那个母亲形象有些不牢固了,她的心头开始萦绕一种不安的气息:母亲如此悲伤、失神、丧失活力,好像很受伤的样子,这是否和自己有关呢?在奈莉的幻想中,她暂时否认了丧失,使"玛丽安"这个代表着内心妈妈的形象重新活跃了起来,与她拥有相当好的关系,由此,她得到了一种来自内心的肯定:母亲的悲伤不是由自己造成的,于是她又可以回到母亲身边,将母亲和内心的"玛丽安"重叠起来,继续从母亲身上感受爱。奈莉重新经历了抑郁心位爱和恨的冲突,之后似乎获得了一种对母亲新的、更为完整的认识,即便母亲会抑郁和痛苦,那也更多是因为母亲在处理自己的丧失。

奈莉有意无意地关注着母亲的状态,这是儿童共通的情感。有研究把克莱因的理论归为"母体为中心"的理论,也展现了母婴关系的重要性,婴幼儿无法不感受到母亲的状态,因为那是他生存的氛围和环境,也因此,无论我们是否记得童年往事,母亲的氛围都会陪伴我们终生。与母亲拥有一种爱的关系是婴幼儿时期的情感重点,为此我们可以付出相当大的努力甚至牺牲,创造幻想来让自己感受到这一点,而对母亲的伤害或是破坏,不仅是一种道德或者文化上的压力,更是情感上的焦虑,那意味着自己生存环境的恶化和破坏。

重新信任所爱之人

丧失所引起的痛苦会重新启动我们的抑郁心位，这是一场无意识的考验，我们如同重新回到了爱和恨的相互较量中。例如最彻底的丧失是亲人或所爱之人的离去，是否能够哀悼这种丧失，在于我们能否在内心相信，即使对失去的亲人有恨也有爱，即使这个人的不完美曾经给自己造成过伤害和恨意，但自己不会因此失去对亲人的爱和信任。在痛苦与绝望中，如若爱的情感始终存在，它会延伸到我们的内心和外在世界，相信自己的生命终究会延续下去，重新信任失去的客体。这是哀悼中很重要的过程。

下面引用克莱因的一个案例来讲述这种哀悼的过

程。克莱因用A太太①来称呼这个案例中的案主,但据说这是克莱因的亲身经历。1934年,她的儿子汉斯发生意外去世,这段经历影响了她后来对抑郁心位的理解,抑郁心位的概念也是在此后提出的。

儿子的去世对A太太造成了重大的打击,A太太很快感到泪水也带来不了什么安慰了,她变得麻木和封闭,身体状态非常糟糕。这期间她做了一个梦:

> 梦里有一个母亲和一个儿子,她知道这个儿子已经死去或者即将死去,她感到这对母子对她怀有敌意。

这个梦与过去的丧失联系起来,A太太的哥哥和母亲当时都已去世了,但她内心还保留着一种相当内疚的情感:虽然哥哥是她童年崇拜和学习的对象,但她其实

---

① 梅兰妮·克莱因.爱、罪疚与修复[M].杜哲,等译.北京:世界图书出版公司,2018: 344.

也很嫉妒哥哥的优秀，希望哥哥遭受不幸。而母亲拥有如此优秀的儿子，也让她感到嫉妒，她希望借着哥哥的死来惩罚母亲。哥哥去世时，她除了伤痛，也在无意识中感到自己终于战胜了哥哥——失去哥哥的伤痛和无意识中的享受是个剧烈的情感冲突。

由于这种内疚，梦里的母亲和儿子代表着在A太太内心有一对与她敌对的母子，也就是她的母亲和哥哥。他们虽然早已不在人世，却依然带着敌意活在她内心。而这种无意识的内疚被儿子的去世激发了，原来她寄托在儿子身上的除了母爱，还有一份修复对哥哥的感情的希望——因为她一直恐惧由于自己在幻想中想让哥哥遭受不幸，这给母亲带来了伤害，而儿子的死是来自这对母子的报复和惩罚。这些内心的客体由于自己的破坏和报复变成了迫害者，让她无法相信自己内心的爱。

在A太太意识到自己对于"哥哥的去世和母亲失去儿子"有一种胜利感之后，她又做了一个梦：

> 她跟着儿子一起飞,然后儿子不见了。她觉得这代表他死了,她感觉自己好像也会死,但这时她奋力一搏,脱离危险,回到了生活的世界。

这个梦表达了对活着的认可和渴望,也可以说是一种无意识的胜利感。当经历亲人去世时,我们无意识中也许会庆幸,自己活了下来——这又是一种极具内心冲突的胜利感,所以它会造成内疚,需要被防御。而A太太看到这一点后,她的哀伤更顺畅地表达了出来。她在乡下散心时,看着风景优美的乡村,希望自己也可以在此拥有一座房子。她的心情在憧憬和哀伤之间摆荡,有时痛哭而获得纾解,被报复和惩罚的内疚感减轻了,她渐渐有了信心,因为想拥有一座房子,也像是有了信心重新创造内心的好客体:母亲、哥哥和儿子。这些客体并没有因为她的破坏欲就对她始终怀恨在心,而她也不会因为拥有破坏欲就是一个罪人。在正常的哀悼过程中，经历了痛苦和悲伤之后，人会拥有一种这样的信心，即感受到"死去的亲人并不希望我痛苦，而是希望我能够幸福快乐地活下去"。

也许克莱因正是因为潜藏在内心沉重的内疚感，才迈上了对早期焦虑的研究之路，发自内心的动力也许比任何外来的力量都要强。它代表一个人即使痛苦，也不断在思索，为何如此？哀悼是对我们内心爱恨之殇的检验和重整，抑郁代表着我们感到自己真的完全丧失了所爱之人，失去了对爱的信心，世界因此索然无味。但这种感受也促使我们面临内心的疑问：所爱之人是否能够以一种方式在内心活着？爱是否还有可能重新被创造？丧失本身也许是残酷和无奈的，但经历哀悼却能促进我们的心理能力发展，如克莱因所说："哀悼过程中的任何进展，似乎都会加深个人与内在客体的关系，使个人感受到在失去客体后又重获客体的快乐，增加对客体的信任与爱,因为客体被证实毕竟还是善良而有帮助的。"[1]

---

[1] 梅兰妮·克莱因.爱、罪疚与修复[M].杜哲,等译.北京:世界图书出版公司,2018:349.

哀悼与重新爱的能力

抑郁代表我们感到自己完全丧失了所爱的客体，失去了对爱的信心，世界因此索然无味。

此时，哀悼的作用就是检验和重整我们内心的爱恨之殇。经历哀悼能促进我们心理能力的发展，让我们在经历丧失后重新具备对客体的信任与爱。

"成人在生命后期每次经历哀伤时，童年早期的哀悼就会重来一遍。"哀悼的过程埋藏在无意识中，影响着我们一生对于依赖、分离和丧失的感受，断断续续地反复重温和完善。

生产与哀悼

我想以当今越来越受到关注的一个现象"产后抑郁",来说明在抑郁心位中内在的母婴关系如何可能造成哀悼的困难。这个现象在精神分析领域获得的关注原本不多,直到20世纪60年代之后,客体关系理论逐渐发展壮大,人们开始重视内在的母婴关系,才让产后抑郁得到深入的理解。

女性在生育后,整个家庭包括她自己对怀孕的关注几乎都转移到新生儿身上,也许大家并未充分意识到,母亲或多或少都处于"退回"抑郁心位的状态。产后抑郁通常会表现为拒绝孩子或者感到做妈妈是一件令人绝望、无助和内疚的事。进一步说,产后抑郁更为深层的感受还包括：享受怀孕但无法享受养育；感到孩子是来自命运的惩罚，是对自己的束缚；自己无法给孩子提供"好东西"，乳汁是对孩子潜在的威胁。其中抑郁的感受来自当面对一个活生生的小婴儿时，他有着极强的依赖性和鲜活的欲望，让母亲产生了相当大的焦虑和疑惑：自己是否真的能应对这一切？是否真的能做好一个母亲呢？

成为母亲意味着一个女性的幻想会受到多重的挑战，因为婴儿激起了母亲自身对依赖和攻击的感受，她如何看待和回应婴儿，来自自己内心的母婴关系。一方面，婴儿极其依赖母亲，充分地向母亲传递这样的渴望，而母亲回应婴儿的能力，依靠的是自己对依赖的感受：这种感受来自内心的母婴关系，在她的内心里，是否相应地存在一个满足的母亲，让她感到依赖是安全的，由此带来的满足和爱紧紧联系在一起，自己可以安然享受。如果母亲内心缺乏对依赖的好的感受，很可能会把孩子的需要无意识地感受为贪婪无度的索取和把人掏空的剥夺，所以会一再感受到重负。另一方面，婴儿会对母亲表达攻击，他一不舒服就会哭泣和烦躁，此时理解和回应婴儿的能力也来自母亲内心对这些攻击的感受：她心里是否存在一个稳定的母亲，能够理解攻击和被攻击的感受，让她感到这一切并不可怕。如果缺乏这样的内心基础，母亲可能将婴儿的哭泣感受为有摧毁性的谴责。这种感受不断刺激着她，而她感到自己无力又无能。

实际上，从很多产后抑郁的案例中都可以看到，婴儿的存在使得母亲面临自己抑郁心位的困难。伊基·弗洛伊德（Iki Freud）写到过一个案例——安妮塔[①]。安妮塔在生下第一个孩子后来做咨询，她感到自己成了丈夫和孩子的奴隶，幻想着把孩子从窗户扔出去，这让她震惊又内疚。但她也难以抑制地感到，虽然丈夫为她做了很多事情，但她还是对他感到愤怒，同时觉得孩子的

[①] 伊基·弗洛伊德.厄勒克特拉vs俄狄浦斯[M].蔺秀云，译.桂林：漓江出版社，2014.

要求实在太多了，自己的生活因此完全被改变了。

随着咨询的进展，她内心的处境逐渐浮现出来。安妮塔小时候是个"麻烦的"孩子，她要求很多，经常哭泣，随时随地都要跟着母亲。她的母亲心力交瘁，无力回应她的这些需要。母亲在后来的生活里反复提到这段往事，认为养育孩子是灾难，希望女儿对她感到抱歉。安妮塔从小是个顺从和体贴的女儿，但在她有了自己的孩子后，一切都变了。她内心对母亲的所作所为相当愤怒，感到自己相当于没有母亲，一种受害者的心态彻底被激发了。她总是抱怨丈夫和朋友，觉得所有人都依靠她，却从来没有给予过回报。而且她无法委托任何人照顾孩子，觉得不合适的照料者会对孩子做不正确的事情。她习惯默默生气，默默哭泣，常感到委屈和无能为力。可以说，安妮塔虽然嘴上抱怨着没有依靠，但无意识里，她感到没有任何人可以给自己帮助和照顾。

安妮塔的抑郁展现了一种内心的客体关系：她内心的母亲是一个无限让她感到失败的人，没有照顾，没有呵护,她的需要对母亲来说是个很大的麻烦。她感觉母亲不像母亲,而是一个与自己竞争关注和照顾的孩子。为了维系和这样一个母亲的关系,她感觉自己完全陷入母亲的要求之中,而自己的身份根本不重要。她不断给予母亲照顾,而实际上那些照顾,是自己想从母亲身上获得的东西。她把一个脆弱的、需要照顾的自己深深埋藏起来,这个部分如同被母亲"流产的孩子",被内心的母亲忽略和拒绝。

"自己是没有需要的照顾者",安妮塔就活在这样的幻想中。正是因为这种幻想,安妮塔在平日的生活里得以维持住基本的平衡,因为自己不需要照顾,所以那些需要带来的伤痛和负担也不存在了。也就是说,她依靠一种远离现实的幻想来维系爱和恨的平衡,她依靠过度的自我牺牲来维系和母亲的关系。而这种幻想所营造的平衡在孩子出生后彻底被打破了,她强烈地感受到孩子是脆弱和需要照顾的,而自己内心的这个部分却充满了缺乏母爱的痛苦,让她很难有能力照顾孩子的需要。

她和孩子的关系因此弥漫着焦虑、无力和恐惧的色彩，她不再是"没有需要的照顾者"，不仅不能完美地照顾孩子，还感到自己像母亲一样可怕地想赶走甚至除掉孩子。

由于没能很好地处理对母亲的渴望和愤怒，安妮塔内心保留着婴儿期的迫害焦虑，她幼年时遭受的挫折是相当沉重的心理压力，母亲的无力和抱怨在她的感受中有着完全不同的意义：她内心感到自己被一个充满敌意的母亲对待，这个母亲藐视她的需要，不断打击和消灭她对母亲的渴望，让自己感到渺小。在这种压力的冲击下，她没有足够的空间充分地去爱母亲和恨母亲，而是在压力迫使下进入了一种错位的假象：母亲是孩子，我才是母亲，我不需要母亲照顾，反而要照顾她才是。这种幻想保护了安妮塔幼年的心灵，也让她生活在对现实的双重否定中。一是她否认了现实的母女关系，阻断了她对母亲的依赖；二来也否认了自己的内心现实：充满敌意的母亲在攻击自己，那是相当可怕的迫害情境。双重的否定让安妮塔内心的爱和恨割裂了,这些情感只是孤立地存在着,缺乏相互联系和整合的可能。她所爱的母亲不够真实,像一个小孩般依赖着自己,而她所恨的母亲又因为幻想的作用变得异常可怕,这让安妮塔无法充分体会母亲的完整和局限,让她难以哀悼自己丧失的母爱,无法为那些童年的伤痛哭泣。

安妮塔后来的咨询过程也非常艰难,因为对她来讲,要重新体验自己对母亲婴儿般的需要,意味着她会真切地感受爱和恨。她作为孩子得不到满足的痛苦,以及攻击会让她面临被忽略、抛下和赶走的风险,这种情感的困难每探索一小步都伴随着切肤之痛。所幸在生下第二个孩子之后,安妮塔没有再次出现产后抑郁。

产后抑郁应当受到重视,还因为它使得困难的母婴关系由母亲传递给孩子,持续造成代际的困难。从安妮塔身上就可以看出,她的孩子也在经历获得母爱的艰难,因为安妮塔对婴儿的需要充满抗拒,也就无法自然地回应自己的孩子,还可能在很多时候做出回避或者厌恶的反应。如果意识不到产后抑郁和内心母婴关系的联系，一个母亲的爱和她所学习的育儿知识，就无法恰当地发挥作用。

产后抑郁与母婴关系

女性在生育后,或多或少都处于"退回"抑郁心位的状态。

抑郁的感受来自当面对一个活生生的小婴儿时,他有着极强的依赖性和鲜活的欲望,让母亲产生了相当大的焦虑和疑惑:自己是否真的能应对这一切?这会激发母亲内心的母婴关系,也就是她自己在生命早期对于依赖与攻击的体验。它决定了母亲理解和回应婴儿的能力。

产后抑郁应当受到重视,因为它使得困难的母婴关系由母亲传递给孩子,持续造成代际的困难。如果意识不到产后抑郁和内心母婴关系的联系,一个母亲的爱和她所学习的育儿知识,就无法恰当地发挥作用。

爱与恨的交流

丧失和抑郁之所以痛苦,是因为它们是内心不断来袭的内疚感与爱的危机。内疚对婴儿是重要的情感,既让婴儿充分体验到母亲的好与坏是她不可分割的品质,也会让他为自己做出的伤害而尝试修复与母亲的关系。他一遍遍体验爱和恨的冲突给自己和母亲带来的影响,这会增强他对获得爱的信心,减少失去爱的担忧,也鼓励他进入更为真实和稳固的客体关系。而如果婴儿并未成功地进入抑郁心位,就会让他的爱和恨相互分裂而对立,缺乏必要的冲突感,内疚、修复和后续的体验也随之变得艰难。婴儿感到爱始终面临来自对立面的威胁,也大大削弱了对母亲完整性的认识,这会成为潜藏在人格结构中的抑郁症或者躁郁症的基础。没有完成哀悼，会让人对于丧失始终处于艰难甚至拒绝的状态。其实这种状态有些类似于一个人始终需要和世界保持某种隔绝，因为他太害怕丧失，也就相应地害怕和世界建立深入的关系，更多依赖幻想来解决这些感受，无法领略经由哀悼带来的成长。

克莱因说，每次经历丧失，我们的自我就会经历一次重组。这相当于我们内心与各种客体的关系（其中有爱的也有恨的）重新"打散"开来，爱与恨的情感重新经历一次冲突和交织。如果内心的空间足够大，这些情感较为自由和充分地在内心酝酿，那么爱与恨都将重新得到检验，形成新的对自己和客体的认识。

再回过头来看抑郁，这种情绪状态直接关联着内心爱恨冲突协调的受挫，导致无法持续地保留和增进对客体的爱和信任。其中存在两个基本的抑郁心位的困难。首先是在爱恨冲突的艰难之中，发展出对客体不真实的爱。例如，有的人会非常认可严厉的"好"客体，爱的感受来自客体带着"理想化的光环"。例如他是某些领域的典范和标杆，所以他对自己的严厉终究是有"好处"的，这些严厉的对待也是需要忍受的。这种不真实的爱让人成功地回避了自己的攻击性和内疚感，也在严厉的关系中一定程度上缓解了内疚感。但是情感上的困难是，他无法检验这份爱到底是否可靠，并且总是担忧自己的恨的存在。这样的爱反映出他内心的客体的脆弱：内心的客体有可能相当脆弱和不堪一击，无力承受攻击，或者是对攻击反应剧烈，会诱发出以暴制暴的激烈斗争。无论如何，恨和攻击在这样的客体关系中具有摧毁性质，于是被深深埋藏。抑郁心位的这种困难，除了让人在情感上过于理想化之外，还会使人缺乏创造力和积极性，因为他的创造性并没有汇聚到自己身上，用来塑造自己想要实现的目标，而是用以寻求理想化客体的庇护，而恨的埋藏也让人错失了爱和恨冲突之中迸发出的升华。

其次是对爱的否认。这种困难意味着当一个人苦苦思念着客体时，这种渴慕的情感到达了令人难以承受的地步，于是彻底否认对爱的渴望。也可以说，当人（特别是在婴幼儿时期）绝望到了一定程度，他就"变质"了，他会回避和厌恶与其他人有深入的情感关系，感到他人对自己没有什么意义。强迫和自恋的现象就与这种抑郁心位的困难有关，例如在生命早期，断奶、和母亲突然分开、进入幼儿园等焦虑的经历，让一个孩子感到丧失总是以摧毁性的方式到来，这就容易给人造成一种感受：一切给自己提供满足的客体，都是痛苦之源。于是在面对客体时，更多地追求贬低或者战胜对方，客体存在的意义就是让自己感到胜利，不希求能够从客体身上获得什么，这类似于"因噎废食"。而他面临的情感困难让人"骑虎难下"，越是在幻想中用破坏性的方式否认客体的价值，越是感到自己心里拥有的客体是没有活力、奄奄一息甚至已经死去的客体，绝望感再次被内心现实强化，感到熄灭情感才是唯一的出路。

第四章 自发的良知

道德和良知是一种普遍的文明共识,它有赖于生活在社会中的个体发展出社会性的情感,遵循社会所认同的道德和良知。道德和良知往往在遭受破坏或薄弱时,最容易引起我们的关注。例如在恶性的法律案件发生后,我们会追问犯罪冲动是如何形成的,而诸如欺凌、言语暴力、歧视和性骚扰等现象,尽管其中展现了令人相当不安的攻击,也容易让人感到道德和良知的无力。我们该如何去看待道德和良知的建立,如何继而进行道德的教育呢?

尽管克莱因对社会议题的涉足并不多,但她对反社会倾向、犯罪冲动、良知的发展等主题的研究,却给人展示了耳目一新的观点。1927年至1934年间，她陆续写作了《正常儿童的犯罪倾向》（*Criminal Tendencies in Normal Children*，1927）、《儿童良知的早期发展》（*The early Development of Conscience in The Child*，1933）和《论犯罪》（*On Criminality*，1934）。这三篇文章的一个基本观点是：反社会倾向和犯罪冲动是由于超我过于严苛。这不仅在当年引起了轰动，放至今日也算得上是一种"危险发言"。因为犯罪行为在我们的印象中往往是严重缺乏管教的表现，这些行为不仅应该受到惩罚，还应当在教育中以反面教材示人，以起到警示作用。而"超我"简而言之正是我们内心道德、规范和良知的代表，由于存在超我的管束，我们的破坏性冲动和攻击性得以被压抑，或者以某种更温和的方式表达出来。缺乏超我的管束，人似乎会变得可怕。比如在虚拟世界中这一点很明显，在网络环境中由于身份的匿名和模糊，道德意识会削弱，微软的聊天机器人塔伊（Tay）上线一天后，就因为人们不断以肆无忌惮的言论与她交流，而很快学会了种族歧视和性别歧视；而元宇宙的虚拟游戏中，性骚扰事件竟然也成为一个突显的伦理问题了。

克莱因的出发点在于超我扼制了攻击性的发展，她认为如果超我过于严苛，这会让人用超乎想象的强度来管束攻击性，以及防御攻击带来的内疚，也就是意识不到自己伤害了别人。这导致一个人道德和良知在人格结构中的缺失，也让攻击性有更大的潜在失控风险。更重要的是，她所看重的不是在教育、管制和约束下表现出的道德和良知，而是一种自发的道德和良知，把精神分析的思想带向了道德的终极问题：是什么让我们即使没有外在的道德管束，仍然不会犯罪，仍然维系着良知？她想阐述的是我们的道德和良知有多种来源，其中有一部分是最为自发，也最不容易变化的道德和良知，那就是诞生于真诚的内疚的道德和良知。这是克莱因与众不同的道德观，对家庭教育乃至整个社会如何看待道德、良知等社会性情感产生了影响力。

与恶为邻

在克莱因看来,人在无意识中存在一种犯罪倾向,这指的是我们的破坏性冲动和攻击性。可以说,攻击性是一把双刃剑,它的一面是自发地对世界的探索——我们需要通过攻击来体验自己在多大程度上可以击溃令自己恐惧的东西,多大程度上可以改造现实;而剑刃的另一面则是破坏,它会给客体造成精神意义或者实质上的伤害。超我在攻击性中应运而生,总的来说,无意识中的攻击性越强,超我也就相应越为严苛。

父母是超我的重要来源,父母的要求、命令和禁止通过超我传递给孩子,也正因如此,父母的要求和禁止可能被孩子理解为完全不同的意思。比如孩子可能很难准确地理解，父母不允许自己做某些事情，这和自己是个"坏孩子"是不同的。儿童承受的超我压力其实要比我们想象中更大，因为尚未得到充足发展的自我，往往感到超我带来至高无上的严厉和残酷，而尚且稚嫩的自我也因此饱受折磨。许多孩子心中都存在着"可怕的父母"，他们害怕被可怕的父母吞噬或撕碎，也害怕被恐怖感围绕和追逐，害怕童话故事中代表凶残和邪恶的角色。这些都是婴幼儿时期超我存在的表现。但超我不等同于真实的父母，它的可怕有一部分来自我们对自身攻击性的幻想。

孩子感受到的超我的"可怕性"有两种来源：有一部分是来自婴儿对母亲发起的攻击——为了排解迫害性的焦虑，在幻想中婴儿对乳房和母亲的身体发起一系列残忍的攻击，从而感到自己消灭了迫害者。这也留下了"可怕的母亲"的印象，保留在内心成为超我的一部分，像是有毁灭性质的迫害者。另一部分来自婴儿对父母的攻击。由于对母亲的占有欲，父母的关系被婴儿感觉为对自己有威胁的东西，也成了他要攻击的对象。超我的可怕性也因此增强了，它像是具备了父母联手的力量。这些攻击带来的后果是，婴儿幻想自己所恨的客体非常强大，拥有毁灭自己的能力，但他越是竭尽全力怨恨和攻击这个客体，越是感到来自这个客体的反击、报复和惩罚也同样可怕，增强了被毁灭的焦虑。这种焦虑往往通过压抑才能逃脱，它们被含混地压抑至无意识，形成了被超我监视和管束着的"犯罪冲动"。潜在的犯罪冲动相对稳定地存在于无意识中，有时我们也能感觉到它的存在。用"受害者有罪论"来举例子，这种言论认为如果有谁受到攻击，那么也许是他做错了什么。这是因为攻击引起了人们无意识中对惩罚的反应，下意识地把被攻击和犯罪联系在了一起，因此人们看到的不仅是有人遭受攻击而受伤，还有一层含义是一个"有过错的人得到了惩罚"。

即便是相当快乐的孩子，在遭遇破坏性幻想时也十分痛苦，并且表现出焦虑和不友善的行为。克莱因4岁的案例杰拉尔德①就是如此。他无法对父亲保持友好和善意，经常做出挥臂驱赶父亲的动作。因为他感到父亲是一只"野兽"，对自己有侵害的敌意。在分析中，他有时用一只小老虎布偶代表"保护者"，使自己免受父亲的攻击。但另一方面，他拒绝分析师将小老虎和他的攻击性联系起来，他很难承受父亲之所以这么可怕，有一部分是因为自己想攻击父亲。从这个现象来说，他从父亲身上感到的敌意，是因为父亲代表超我在谴责和反击他的攻击。随着分析对这种压力的逐步减缓，能够看到在杰尔拉德的幻想中，父亲是一个夺走母亲、夺走自己的享乐满足的人，让他如同野兽般想要攻击和破坏父亲，除掉这个威胁的来源。而父亲经由超我运作之后的形象变成了一只野兽。可以看到，杰尔拉德幼小的心灵还没有足够的能力去处理自己的攻击性，而这些攻击性会继续在无意识中增强超我的严厉，进而促进攻击性

---

① 梅兰妮·克莱因.爱、罪疚与修复[M].杜哲，等译.北京：世界图书出版公司，2018：166.

的猛烈程度——这类似于敌人越强大,自己的攻击也越猛烈。

总的来说,超我的形象越是严厉和可怕,孩子越感受到自己是罪疚的,他们一方面需要压抑那些令自己感到罪疚的攻击性,另一方面也限制了自身欲望的发展和升华,因此危险的攻击性从未真正消失。

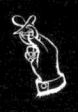

攻击性

攻击性是一把双刃剑,我们需要通过攻击来体验自己在多大程度上可以击溃令自己恐惧的东西,多大程度上可以改造现实。而剑刃的另一面则是破坏,给客体造成精神或者实质上的伤害。

超我在攻击性中应运而生,无意识中的攻击性越强,超我也就相应越为严苛。反社会倾向和犯罪冲动是由于超我过于严苛造成的。

超我不等同于真实的父母,它的可怕有一部分来自我们对自身攻击性的幻想。

道德能力的闪现

由于超我的禁止和惩罚而产生的道德感，在克莱因看来是我们道德意识中较为原始的形式，这种形式受婴儿对攻击性和破坏性的幻想影响。在随后的发展中，当婴儿越来越意识到自己对母亲的爱和关心，并且对自身的攻击性有了更多的理解时，道德感会更多生发于内在的价值和爱。下面我会通过拉斯廷夫妇的案例珍妮[①]，来讲述儿童在攻击性得到理解的情况下，如何闪现出自发的道德能力。

珍妮的身世很艰难，1岁之前，她被吸毒的母亲严

---

① 玛格丽特·拉斯廷，迈克尔·拉斯廷.阅读克莱因[M].王旭，等译.北京：轻工业出版社，2022: 183.

重忽略，而她的父亲在监狱服刑。之后她被收养，尽管养父母善待着珍妮，可也常常被她粗暴的拒绝震惊。这个小姑娘对纪律和惩罚完全没有任何反应。

在一次分析中，分析师告诉珍妮下周的时间要重新安排，已经和她的父母商量过了。珍妮拿着一把剪刀，试着剪开做塑料眼镜的透明纸，可是怎么也剪不开。她渐渐感到挫败，一边努力控制情绪，一边说："你真笨，你有什么毛病啊？我需要成人用的剪刀来做这件事。"分析师对珍妮说："你感到生气，觉得我没有准备足够好的东西，这是我的错。我是笨蛋，要为你的情绪而负责。也许你担心我太笨了，以至于帮不了你。"

珍妮特别愤怒，她敲打着桌子，把铅笔碰到了地上。她命令分析师把铅笔捡起来，分析师认为珍妮感觉别人欠自己很多，她说什么分析师就应该做什么。随后珍妮又就剪刀的事情向分析师求助："你给我剪齐，如果剪不齐，你就得死。"分析师一边帮助她一边说："你感觉很挫败，而且不能给我犯错误的空间。"虽然两个人合作着使用剪刀,但那把剪刀的确太难用,最后做眼镜失败了。

这时珍妮突然说:"我知道要做什么了。"她新拿了几张纸,想做一把剑或者一个电子灭蚊器。分析师回应她说,这两样东西都能用来攻击。在珍妮做新作品的过程中,分析师向她解释,由于她不知道下周会发生什么,不得不让大人们来决定一些事情,这让她感到自己很渺小,她为此很生气。之后珍妮再次请求分析师帮她一起做,两个人合作完成了一把剑。珍妮问:"还有多长时间?"分析师回应她说,她担心没有足够的时间来完成作品。最后珍妮收起了玩具,并且要求分析师把玩具盒子盖上。

这一节分析中,珍妮的挫败感和愤怒感很强烈,而且在很多时候,她并没有办法认识自己的情绪,而是将它们导向了分析师,让分析师成为一个笨蛋和受谴责的人。当这些情绪得到理解和容忍,珍妮开始运用自己的攻击性,她越来越能意识到,自己能用剪刀来威胁分析师，也能用它做出东西，攻击性被建设性地调动起来，成了象征性的游戏。珍妮的道德能力开始闪现，她发现自己处于一种关系中：自己既需要分析师的帮助，有时也是帮助分析师的人（比如帮分析师收拾玩具），她向着自己渴望的"成人状态"（"我需要成人用的剪刀"说明了珍妮的这种渴望）发展了。并且在这种关系中，她正向的情绪和负向的情绪都可以表达，而不是无力地任由负向情绪笼罩自己而变得失控。

情绪的失控可以说在珍妮的婴儿时期就埋下了伏笔，她受到母亲的忽略，所有得到照顾和帮助的需要都极难被满足，她无法有效地呼唤和调动母亲来帮助自己，这让她感到母亲和自己的关系是一种灾难。这种灾难也不断在她和养父母，以及她和分析师的关系中重现。当分析师耐受着珍妮的愤怒，并且帮助她看到自己内心发生了什么时，这让珍妮看到了理解与关爱的可能，并且滋长了她的道德能力。

和关爱中产生的道德能力不同，严苛超我的主要功能是通过禁止和惩罚唤起一个人的焦虑，不断使他在无意识中暴力地否认自己的攻击性，这不仅损伤了人格的发展，造成了内疚的缺失，也让那些反社会倾向和犯罪冲动发生极度的混乱，而这些混乱是外在的法律和道德无法约束的。

关于这一点，克莱因称之为"恨的伪装"。一个人犯罪冲动失控的瞬间（例如我们可以设想，一个情绪失控的未成年人，用剪刀来威胁或者伤害他人），实际上是他最需要埋葬爱和内疚的时刻："当一个人触碰到恨与焦虑的根源处所产生的最深冲突时，他会发现那里也存在爱。爱并没有消失，却以这种方式被隐藏、埋葬起来……既然这个被个体所憎恨的迫害客体，原本是小婴儿心中那个聚集了所有的爱与力比多[1]的客体，罪犯现在其实是身处憎恨、迫害自己所爱客体的位置上。一旦身处这个位置，他无法忍受在所有记忆与意识中对

---

[1] 力比多是英文libido的中文音译，其基本含义是表示一种性力、性原欲，即性本能的一种内在的、原发的动能与力量。

任何客体怀有任何爱的感觉。'这个世界上只剩下敌人'——这正是罪犯心里的感觉,他也因此视自己的恨与摧毁具有绝对的正当性,这种态度可以减轻其无意识中的某些罪疚感。恨,最常被用来当成爱的伪装。"①所以一个人不知道自己恨别人,才是最危险的恨。

从这个意义上讲,无意识中的犯罪倾向并不是人性的弱点,而是无法拥有自己的攻击性的虚弱,只能通过严苛超我和暴力防御来管束攻击性。这种虚弱实际上会导致道德和良知的发展受限,因为无法拥有自己的攻击性,会让人更容易埋藏爱和内疚,没有发展道德和良知的基础。

---

① 梅兰妮·克莱因.爱、罪疚与修复[M].杜哲,等译.北京:世界图书出版公司,2018:254.

恨的伪装

恨，最常被用来当成爱的伪装。一个人不知道自己恨别人，才是最危险的恨。

无意识中的犯罪倾向并不是人性的弱点，而是一种虚弱，即无法拥有自己的攻击性。这会让人更容易埋藏爱和内疚，没有发展道德和良知的基础。

克莱因谈到儿童的犯罪倾向时总是有一种动容，她倡导人们更多地理解儿童的攻击性，而不是用严厉的管束或者惩罚强化他们的严苛超我。

从攻击到创造

尽管人在无意识中有犯罪倾向,但同时我们还拥有内疚的情感,二者像跷跷板一样不断相互平衡。我们在感到自己攻击了客体——无论这是内心的现实还是外在的现实——的同时,就会意识到自己也需要和爱着客体,由此生出的内疚感会让人渴望修复客体,并修复自己与客体之间的关系。克莱因认为,因为幻想中的攻击带来的内疚和修复的愿望,会让儿童进一步朝向关爱发展,"孩子完全受自己的冲动主宰,而这冲动却是所有迷人的创造性倾向的根基……即使是很小的孩子,也在很努力地对抗其反社会倾向……就在最具虐待性的冲动出现后,我们会见到孩子表现出最大的爱意,以及不惜牺牲一切以获得关爱的情形"[1]。

克莱因谈到儿童青少年的犯罪倾向时总是有一种动容，总的来说，她倡导人们更多地理解儿童的攻击性，而不是用一些管束或者惩罚方式强化他们的严苛超我，下面这个案例就是如此。她把这位12岁的少年称为"小犯人"[2]，这个案例对于我们理解"问题少年"那看似道德缺失的心境和诸多复杂的行为问题很有启发意义，她讨论了犯罪倾向如何能够得到升华。

这个12岁男孩的表现可以说相当令人头疼，在学校里破坏公物和偷窃，还经常攻击女孩，看上去除了破坏和欺凌他什么也不想干。最重要的是，他对什么都漠不关心，那些被孩子们看重的惩罚或者奖赏机制，在他身上一点也不起作用。但经过一段时间的分析之后，克莱因看到了他的现实困境和内心困境。他的父亲很早便去

---

[1] 梅兰妮·克莱因.爱、罪疚与修复[M].杜哲，等译.北京：世界图书出版公司，2018: 171.
[2] 梅兰妮·克莱因.爱、罪疚与修复[M].杜哲，等译.北京：世界图书出版公司，2018: 176.

世了，母亲体弱多病，家庭事务主要由他姐姐支撑，或者也可以说是"一手遮天"：她对弟弟有持续性的暴力和欺凌，也对生病的母亲态度恶劣。这样的生活环境是一个孩子发展"内心的恶魔"的温床，自身的攻击性与严苛超我的暴力关系，不断在与姐姐的关系中重现和巩固，让"小犯人"生活在一片混乱之中——他既是受害者，也是施暴者，施虐会让他感到自己需要得到严厉的惩罚，但也迫切寻找受害者，试图通过施暴扭转自己遭受迫害的内心情境。这些攻击和压抑的过程，让他整个人都被攻击性淹没了。

精神分析对待犯罪冲动的基本态度，不是增强压抑和管束，而是依靠理解一个人为何攻击，来使攻击性得到松动和转化。这点在"小犯人"身上起了作用。通过克莱因对他内心暴力情境的持续理解，他开始对建造电梯和开锁充满了兴趣。这些兴趣多少还是和他过去的破坏行为相关，但他的内心出现了与破坏和犯罪不同的风景，对研究和学习事物产生了热情，而不再是除了破坏什么也不做的状态。这就是攻击性的升华，会让一个人去运用自己的攻击性。升华后的攻击性与过去的攻击性仍然有着关联（比如"小犯人"过去是砸坏学校的锁，如果攻击性得到升华，他可以继续学习，或许能够做一份锁匠的工作），但其中的意义和情感不同了。并且这个看似情感迟钝的孩子，也展现出他内敛而深切的爱，后来他的母亲病危，是他在母亲最后的那段时光里守在床边照顾。母亲去世时，家里人怎么也找不到他，原来他把自己和去世的母亲一起锁在了房间里。攻击性的升华伴随着超我内涵的丰富，它不再是严厉的形象，而是让人感到攻击性和内疚能够得到容纳，这种体验让人对客体做出更多的修复和弥补，发展对客体的关爱和理解。

内疚的能力

"攻击—焦虑—内疚—攻击性增强"的恶性循环是克莱因强调的一种内心困境：由于感受到攻击冲动的存在，婴儿焦虑于自己面临惩罚，同时也对客体产生了内疚感。但是内疚对他来说是一种不可承受的压力，它有可能成为一种新的迫害：是由于客体的谴责，才导致了我内疚，于是婴儿继而被激起的攻击性也更为剧烈。在这种困境中，超我始终是严厉的。内疚不仅是一种情感，也是一种能力，如果一个人能够承受和发挥内疚的能力，那么他至少还有机会，为自己的过失和错误做出真诚的道歉和弥补。这是一种发自内心的道德和良知，可以促进我们和他人的关系。而过度的内疚和消失的内疚，都意味着一个人无法整合自己的攻击性和爱。过度的内疚可能让人无力前行，缺乏修复的勇气和行动。比如你会看到有时候犯了错的人反而变得更愤怒，仿佛他才是那个受到伤害的人，使得关系进一步紧张。但如果从内心情境来看，此时他的超我仍然有着严苛的要求，让人感到犯错是犯下了无法弥补和修复的罪过，因此产生了无助的愤怒；而消失的内疚则是反社会倾向的基础，无法感受到自己给他人带来的伤害，也就谈不上修复了。

在谈及道德和良知的发展时，克莱因很看重内疚和修复的能力，但在儿童身上，内疚往往不易察觉。这是因为儿童特别擅长用幻想来安抚自己，借助幻想这个远离现实的"避风港"来告诉自己一切安好，让自己通常表现得比自己真正体验的更快乐。还有一点是，儿童容易用获得惩罚的方式来缓解内疚，他们可能用夸张的方式引起父母的愤怒，让父母感到孩子"需要管教"和"讨打"，而这些惩罚恰好满足了儿童得到被超我惩罚的愿望。

下面我想用电视剧《隐秘的角落》①里的主角朱朝阳，来说明家庭关系中孩子所展现的内疚与修复的情感，以及这些情感受到挫败时对孩子道德和良知发展的阻碍。朱朝阳和他的家庭很像一类家庭的缩影：因为父母感情破裂，朱朝阳从小和母亲一起生活。当他上初中时，他成了一个总是考第一名，但是没有朋友、独来独往的小孩。虽然和父亲保持着断断续续的联系，他和父亲的情感关系显然是不够稳固的。很多时候，他用一张张令人满意的考卷，来换取父亲在朋友面前的骄傲。在朱朝阳身上，一方面是对父亲、继母和同父异母的妹妹强烈的恨，而另一面是他一直渴求能与父亲建立某种爱的关系，相比起显而易见的恨，这可能是朱朝阳心中更隐秘的角落。我认为剧中的几个片段，可以反映儿子试图修复与父亲的关系时，遭遇了严重的挫败：

---

① 《隐秘的角落》（2020），改编自紫金陈的小说《坏小孩》，是一部反映未成年人家庭关系与犯罪题材的电视剧。

父亲带朱朝阳去买球鞋,他暗地里是开心的。在商场,他们偶遇了继母和同父异母的妹妹。父亲为了维护妹妹的感受,故意和他保持距离,连妹妹踩脏朱朝阳的新鞋子,父亲也没有说什么。

妹妹意外坠楼的悬案尚未破解,而继母坚持认为是朱朝阳杀害了妹妹,与朱朝阳和他的母亲发生激烈冲突。父亲想尽快息事宁人,袒护了继母。

妹妹发生意外后,父亲来找朱朝阳谈心,他以为父亲终于看重了自己,但无意中发现父亲在录音。尽管父亲的意图和情感都很复杂,但这给朱朝阳带来了伤痛的感受:父亲觉得另一个孩子更重要,他是不被信任的。

父亲带朱朝阳去游泳,他感觉父亲似乎在失去女儿之后,有意愿要和自己走近一些,但他已无法信任父亲是出于爱才这么做的,对父亲若即若离。

向父亲寻求爱的庇护,是因为朱朝阳渴望修复幻想中的惨剧:他是那个被抛弃的、对父亲毫无意义的孩子。这种内心现实非常残忍,父亲代表着高高在上的超我，令一个孩子承受着羞辱和绝望，也因此激发出相当强烈的攻击性。上述的几个片段代表着他试图修复和父亲的关系，从父亲身上努力搜集爱和善意存在的证据，以此在内心建立和父亲爱的关系。实际上孩子需要一些协助和成长——特别是在较为复杂的家庭关系中——才可能理解父母之间复杂的关系，以及父亲的离开到底意味着什么。而当超我过于严苛，内疚和修复又无法发挥作用时，对一个内心本就面临情感困难的孩子来说，他就很难维系自发的道德和良知。孩子会更多"吸收"到绝望，更倾向于关注父亲身上带来的痛苦的东西，沦陷在严苛超我和强烈攻击性的内心暴力中，这就形成了克莱因所说的恶性循环："儿童的焦虑迫使他摧毁他的客体，导致焦虑一再增加……他必须再对抗他的客体，最后形成一种防御。这种防御形成了个体反社会与犯罪倾向的基础……反社会与犯罪倾向之所以产生，是因为超我过度严厉且极端残忍，而非如一般推测所言，是个人的弱点或需要。"①

  克莱因对儿童道德和良知发展的探索,对家庭教育和社会议题都具有启发性,我想有一样重要的启发是:关注家庭中的"隐性法律"与儿童欲望的互动。家庭中存在的"隐性法律"和共同约定的家庭规则不同,是由父母的超我所决定的。因为我们也和孩子一样,在无意识中存在超我以及被压抑的欲望,它们无形中形成了家庭中的禁忌,也影响了哪些事情可以做、哪些事情不可以。例如,孩子自发的对性的好奇或者性行为令父母感到羞耻,这不仅是对父母情感和禁忌的挑战,孩子也相应承受着超我的压力。我们都知道,孩子在成长的过程中总是源源不断地对性感到好奇,从幼儿时期孩子会好奇"我从哪里来""孩子是怎么产生的",到后来他们发现男孩和女孩是不同的,对异性的身体产生好奇,再到儿童的自慰行为,直至青春期性成熟的欲望和探

---

① 梅兰妮·克莱因.爱、罪疚与修复[M].杜哲,等译.北京:世界图书出版公司,2018: 245.

索……而这些成长过程中，孩子的欲望不是孤立的，他们总是敏锐地捕捉家庭中的"法律"，体会哪些欲望会受到审判和惩罚，而哪些是可以自由发挥的。欲望和超我的关系也诞生在"法律"中。如果家庭的"法律"让一个孩子更多通过幻想来理解性，那么你可以想象，其中可能产生多大的歪曲。从这个意义上，父母与孩子谈论性，也就帮助孩子协调了他的欲望和超我的关系，使这种关系更为开放和包容，这是一个人感到自己与道德拥有良好关系，而不是惩罚性关系的基础。

还有一种家庭中的"法律"，也许会随着更多的家庭拥有两个或者更多的孩子，在未来重回我们的视野，那就是兄弟姐妹之间无意识的嫉妒和恨。这些情感一般来说是潜在而汹涌的，因为兄弟姐妹的存在对孩子内心的母婴关系来说是一种挑战，有可能在幻想中以强烈的攻击性阻止这件事的发生。而这种攻击会让孩子惧怕父母的不满，从而强化了超我的严苛。孩子可能在拥有兄弟姐妹之后出现退行、噩梦、暴躁等情绪，而此时家庭中的"法律"意味着父母对嫉妒和恨的情感的容忍程度,也代表父母能够对孩子的情感冲突给予回应和关爱的能力,重点是我们在不放纵孩子们之间的恶性竞争和攻击的同时,减少孩子对爱的担忧。这一点有时会因为父母忙于处理孩子之间的攻击行为而容易被忽略,但如果父母对儿童的嫉妒和恨有更多了解,知道它们并不是"坏"的表现,背后是孩子对失去爱深深的担忧,对孩子这部分情感的转化就会非常有意义。

这些"法律"都与一个人的道德和良知发展息息相关,一般来说,带有宽容和慈爱性质的"法律",让一个孩子的攻击性不再保持原始的压抑和发泄状态,向着对人有精神意义的方式(创造、探索)发展。孩子可以拥有内疚的能力,知道自己的内疚是有价值的,因为它可以带来对客体真诚的歉意和关怀。在此基础上发展出的道德和良知,要求或者伪装的意味大大减少,而成为影响自己和他人的力量。

内疚的能力

内疚感会让人渴望修复客体，并修复自己与客体之间的关系。而过度的内疚和消失的内疚，都意味着一个人无法整合自己的攻击性和爱。

过度的内疚让人无力前行，缺乏修复的勇气和行动。比如你会看到有时候犯了错的人反而变得更愤怒；而消失的内疚则是反社会倾向的基础，无法感受到自己给他人带来的伤害，也就谈不上修复了。

来自父母的"隐性法律"

父母在无意识中也存在超我以及被压抑的欲望,它们无形中形成了家庭中的禁忌。

孩子的欲望不是孤立的,他们总是敏锐地捕捉家庭中的"隐性法律",体会哪些欲望会受到审判和惩罚,而哪些是可以自由发挥的。

第五章 嫉羡与感恩

在叙述"嫉羡"（envy）这个概念时，克莱因引用了一句谚语："咬噬喂养他的那只手。"这生动地表达了嫉羡的目的：毁灭养育和爱的来源。当这个概念问世时，很多人对婴儿有如此毁灭性的冲动感到难以置信。这意味着当感觉到母亲是生命之源时，婴儿也想毁掉母亲。虽然其中有对母亲的爱和羡慕，但最主要的冲动是破坏，因此也被看作是死本能的直接表达。嫉羡的情感来自婴儿感到母亲拥有自己生存所必需的东西而痛苦，进而要毁掉母亲的好品质乃至于整个母亲。

但克莱因强调的不仅仅是婴儿拥有嫉羡的情感，更为看重的是嫉羡严重侵蚀了感恩之情，阻碍了婴儿对爱的来源的接纳和享受，她因此十分重视这种生命早期的破坏性冲动。和其他的破坏性冲动相比，嫉羡尤为根本和严重地影响人格发展，因为它会造成婴儿缺少成长所必需的"精神食物"，例如慈爱、关怀和满足。

有时我们可以从拒绝食物的婴儿身上看到这一点，有的婴儿接受喂养很困难，因为他们与食物拥有极其困难的关系，不仅缺乏对母乳和食物的渴望，还常常对食物表现出敌意，比如把它们扔掉和吐掉，就好像食物是难以下咽的有毒之物。不能安然地接受食物，意味着婴儿无法健康成长，这不仅是生理上的也是心理上的阻碍。当婴儿感到乳房是一个"耀眼的敌人"，它充满了生命的丰盛，像一个取之不尽用之不竭的食物和爱的源泉，然而自己并不具备这种品质，还完全地依靠它成长，于是他不愿再享受乳汁，反而想尽一切办法破坏乳房，让它失去创造乳汁的能力，这严重阻碍了婴儿从母亲那里享受地获得营养，从而在内心建立好的客体关系。

嫉美属于生命诞生初期的情感，我们的无意识中或多或少都保留着这种情感，但同时我们也拥有许多可以与嫉美相互协调的情感，例如对客体的爱和感恩。嫉美的强弱取决于很多因素，总的来说，出生后的环境质量会更剧烈地影响嫉美。比如有的婴儿一出生就经历没有母乳的艰难，母亲可能由于身体的原因无法哺乳，尽管这不是她的意愿，但婴儿会将此感受为剥夺情境：美好的生命之源不愿意给予自己哺育，这会增强他对母亲乳房的嫉美。而如果婴儿得到满足的哺育，这会让他在嫉美母亲乳房的同时也感受到满足，拥有更多与嫉美相抗衡的体验。一些残酷的早期生活经历（例如遗弃、丧失母亲等）很容易造成婴儿持续地嫉美。

生活中的嫉美现象最容易在帮助和赞美的情境下看到，例如，当需要他人的帮助时，有的人可能很难开口或者对于接受帮助感到别扭和困难，这来自嫉美别人拥有帮助他人的善意和能力，而自己却没有，嫉美阻碍了他对善意和帮助的接受。又例如，有人即便是对最亲密的人，也无法由衷赞美他的品质，因为这些好的品质既不属于自己也难以模仿，反而映照出自己在某些品质上的匮乏，于是与亲密的人产生了隔阂。值得一提的是，嫉妒和嫉羡并不相同，嫉妒是害怕失去自己所拥有的爱，是一种三元关系中的情感，例如谈恋爱时人会不由自主地提防第三者的出现，而嫉妒往往也指向第三者；而嫉羡则是渴求破坏客体所拥有的好，它是一种二元关系中的情感。

可以说成功克服嫉羡奠定了我们与"爱的来源"的关系，让我们能够接受自己在许多时候都需要依赖和接受客体的爱，承认正是他们的存在（至少在某些方面）给自己带来了成长，这就像可以顺畅地对"爱的来源"发出请求并且接受滋养。

生而缺失

克莱因的关注点主要集中在嫉羡对于自我发展的阻碍，因为这种情感涉及的客体——乳房——是我们生命的第一个，也是极其重要的客体。乳房被当作取之不竭的生命和爱的来源，与婴儿自身的幻想息息相关。她描述了婴儿对一体状态（unity）的渴求。这种状态是婴儿对出生前状态的感受：在母亲的子宫内与母亲一体的感受。而乳房带来的滋养从某种程度上复原了与母亲的一体感，随着哺育，婴儿将好乳房纳入内心成为自我的一部分，"一开始在母亲内部的婴儿，现在在自己的内在拥有了母亲"。克莱因认为乳房对婴儿来说不是母亲身体的某个部分，婴儿的本能欲望和幻想使乳房远远超过了它所提供的营养价值，感觉它拥有所有自己欲求的东西，它代表着母性的美好、无穷尽的耐心和慷慨。婴儿自身的幻想丰富了生命中第一个客体的意义。

在婴儿的幻想中，母乳等同于生命最初的礼物，可以让自己重回一体状态，在对乳房如此强烈的渴求中，婴儿也感到了焦虑，因为乳房完全地拥有这些美好的品质，是它决定了自己的满足甚至存亡，却也能随时将这种生存必需的依靠带离自己，于是婴儿对乳房产生了嫉羡的情感。虽然乳房的意义和嫉羡情感可以用一段话来概括描述，但对于婴儿来说，出生时他的自我还远远没有达到能够使用幻想和语言的程度，所有的体验都是原始的非言语过程，克莱因把它们称为"感觉记忆"。这些记忆不是以画面、文字或者声音的形式存在，而是直接存在于身体感觉中，被婴儿感觉为对身体的破坏。嫉羡也属于其中之一，它在体验中是模糊、混乱和激烈的，并不像我们用语言描述得如此清晰，也因此给婴儿带来强烈的焦虑。后来的克莱因学派有不少学者深入探索嫉羡,丰富了对这些早期体验的认识。例如威尔弗雷德·比昂(Wilfred Bion)[1]提出这些模糊和混乱的体验是未经消化的、婴儿没有能力感知和处理的体验。它们就像始终存在于内心的混乱和恐怖之物,令婴儿处于噩梦般的恐惧中。而研究儿童自闭症的弗朗西斯·图斯廷(Frances Tustin)[2]特别强调身体的重要性,因为她发现对自闭症儿童来说,分离的体验被感觉为"身体的残

---

[1] 威尔弗雷德·比昂(1897—1979),先学习医学,后来专注于精神分析研究。他曾在克莱因那里接受分析,后来扩展了克莱因的理论。他最主要的贡献是"二战"群体心理研究以及人类思维方式的理论,主要著作有《群体中的经验》(*Experiences in Groups*,1961)、《从经验中学习》(*Learning from Experience*,1962)。

[2] 弗朗西斯·图斯廷(1913—1994),因在儿童自闭症精神分析治疗方面的开创性工作而闻名。她强调身体对儿童的核心重要性,也描述了婴儿试图用自闭的自我保护策略来管理分离和精神病性的焦虑。这些机制保护了自闭症儿童,但却干扰了他们对其他人的开放性。她还强调,父母不应该因为他们孩子的自闭状况而受到指责。图斯廷的作品让人理解远离成年的经历,她描述了自闭焦虑(如永远坠落、溢出和失去身体的部分)在没有自闭症的儿童和成人的经验中的重要性。她认为自闭的自我保护策略是成为人类的一部分——虽然有必要,但却也有着悲哀的限制。

缺"——可以说，他们完全无法处理一体感的缺失。当意识到与母亲分离的事实，这是母亲和婴儿不在一个连续状态的可怕体验，他们没有能力通过表征和符号化将客体整合到自己的内心世界中。这种不连续状态被体验为无情的损失和一个被迫害者填满的洞，他们采用"自闭症手法"来应对焦虑——否认和摒弃客体、模糊自我的感受等等，于是要在内心拥有一个母亲几乎变得不可能。

结合这些后续的研究，可以看到嫉羡给婴儿带来了绝望的内心情境：一切好的东西都被破坏了，自己彻底地失去了生命之源，没有食物，没有生机，到处都充满了毁灭，一切都是残缺和腐坏的——这是由于婴儿感到自己得到的是遭受嫉羡攻击后破损的乳房，它不再能够提供食物和滋养，而自己因此身心残缺。由于嫉羡带来的破坏性过于强烈，婴儿也极其快速而渴望地转向乳房，希望平息焦虑，所以母亲的状态对婴儿的确起着生死攸关的重要性。

无法享受和进食的人

嫉羡除了会侵蚀感恩，也会给自我发展带来多重的困难，其中之一是会破坏一个人享受的能力。因为对乳房的嫉羡妨碍婴儿得到充分的口腔满足——他无法满足地吞下乳汁。这个过程伴随着受到侵害的焦虑和对乳房的攻击。在随后的自我发展中，有许多东西在我们内心象征性地代表着母亲的乳房，例如他人给予的食物、善意和创造性。这些东西也因此容易受到嫉羡的攻击，让人更大范围地无法享受它们。

还有一个困难是对客体好坏莫辨，因为婴儿为了保护内心的好客体，会经历一个将好与坏分裂的过程，但在嫉羡的作用下，好与坏的分裂变得相当模糊和不明确，好客体因为引起了嫉羡，某种意义上也是坏的，于是婴儿感到自己同时攻击了好客体与坏客体，却没有吸收到多少让自我更为强壮的养分。这种困难是对客体永恒的疑虑，对客体和他们所给予的东西相当不确定：这些到底是好的还是坏的，善的还是恶的？如果是坏的，自己是否足够坚韧能够应对？在此疑虑中，对客体和自己都无从信任。

下面我们通过两个案例来看看嫉羡对一个人的发展造成的困难。第一个是克莱因的案例[①]，克莱因将她形容为"一位非常正常的女性"，也许这位女士给人的印象并不会和嫉羡联系起来。而在分析中，她越来越觉察出自己对母亲和姐姐的嫉羡，只不过对姐姐的嫉羡，因为自己在智力上的优越而被压抑，而对母亲的嫉羡，则被强烈的爱和感激所压抑。她的梦显示出对嫉羡情感的挣扎：

---

① 梅兰妮·克莱因.嫉羡与感恩[M].吕煦宗，刘慧卿，译.北京：世界图书出版公司，2016：215.

> 她在一列火车上,还有一个只能看到背部的女人靠在隔间的门上,处于掉出去的极大危险中。她一手用力拉住这个女人的皮带,另一只手写了一个告示:因为车厢中有医生正在处理病人,所以不应该受到干扰。她把告示贴在车窗上。

这个快要掉出车厢的女人代表着她"不正常"的部分。这部分经常被感觉到像是疯了或者是对自己和他人有威胁——她对嫉羡的感受,她对这个疯狂的部分苦苦挣扎。而她需要像医生一样处理"它",这就联系到她对母亲的爱有一种过度的强调和认同,这似乎不完全是出于爱,而是出于罪疚感:因为感到自己的嫉羡破坏了母亲,从而更加强调自己要表现出对她的爱和感激。

从这位女士身上可以看到,嫉羡在很多时候并不会完全侵蚀我们的感恩之情,但会造成人格中剧烈的对立,让人感到自己生活在"艰难的维持"当中,因为无意识中会感觉到自己既需要维持爱和感恩，也需要维持对嫉羡的压制。在意识到自己对姐姐和母亲抱有敌对的嫉羡后，这位女士有了新的收获：她对姐姐的缺陷（克莱因并没有提到是一种怎样的缺陷，猜测可能是智力上的）有了更多的慈悲，不再是带着优越感去对待姐姐，而且她记起童年时姐姐其实给予了自己许多的爱。

第二个案例来自赫伯特·罗森菲尔德（Herbert Rosenfeld）[1]。亚当[2]是一位深受疑病焦虑困扰的男士，他性格古怪，两性关系也很动荡，经常感到生活了无生趣：任何食物都食之无味，任何书籍都无法带来阅读的乐趣，很容易产生没有任何人能帮助自己的感觉。

亚当的一个梦展现出他很难从女性身上看到任何价值：

---

[1] 赫伯特·罗森菲尔德（1910—1986），他与汉娜·西格尔和威尔弗雷德·比昂一起，为克莱因学派的临床和理论进行了创新，尤其从对精神分裂症患者的治疗中汲取了丰富的经验。

[2] 赫伯特·罗森菲尔德.僵局与诠释[M].林玉华，樊雪梅，译.北京：中国轻工业出版社，2019：72.

> 他妈妈念诗给他听，他没有认真听，因为他认为妈妈不可能说得出任何有结局的故事。

在分析中，亚当对分析师（一位男性）的态度与对母亲如出一辙，他经常攻击和贬低分析师的价值，尤其是当分析师颇有创造性地从各种难以理解的表现中终于理解了他，并带着关怀对他表达这些理解时，他常常嗤之以鼻或坚决否认。

这些表现体现出亚当强烈的嫉羡：他坚决贬低任何代表着母亲的东西，拒绝接受它们，总疑心自己由于接受了来自母亲的东西而残害到身体。生活中那些女性的爱，以及分析中分析师的创造性和关怀，都代表着来自母亲的东西，是他要抵抗和破坏的"生命之源"。由于嫉羡的破坏性，亚当缺失了分辨他人好坏的感受能力，也无法享受来自他人的馈赠，他的性格总有怪异和孤僻的感觉，就像一个无法充分发展的人格，而他和女性的关系常常单调地追求性的刺激和利用,以此来缓解极度无趣的感受——这是由嫉羡造成的内心空洞。

"咬噬喂养他的那只手"

当我们感觉到客体拥有对自己而言非常重要的品质，并控制着自己是否能得到它时，"嫉羡"就被催生了，它驱使我们破坏客体所拥有的"好"，甚至摧毁客体。克莱因用谚语"咬噬喂养他的那只手"来形容这种情感。

相比生命早期的其他破坏性冲动，嫉羡尤为严重地影响着人格发展。它会破坏一个人享受的能力，例如无法接受来自他人的食物、善意和创造性，因为它们在我们内心象征性地代表着母亲的乳房——我们生命最初的爱的源泉。

另一层困难在于对客体以及客体给予的东西存在永恒的疑虑：这些到底是好的还是坏的？如果是坏的，自己是否足够坚韧能够应对？从而对客体和自己都无从信任。

逃离嫉羡

由于嫉羡带来的破坏性和罪疚感，常常让人感到难以面对，它带来的无意识的罪疚或许是最重的：毁坏生命之源，令一切的好荡然无存。在绝大多数情况下，它是一种极其需要被防御的情感。也就是说，我们可能很难直接地体验到自己处于嫉羡的情感中，而是有一些防御提示着它的存在。克莱因在工作中理解到好几种常见的对嫉羡的防御。一类防御与贬低和贪婪有关，例如上面提到的亚当，他使用的是一种常见的防御：贬低。当客体被贬得一文不值，丧失了一切价值，那么也就不再值得自己嫉羡了。而贪婪意味着否认客体的独立性，认为自己拥有客体，因此也拥有他所有的美好，无须再有任何嫉羡之情。

还有一类防御和竞争有关。比如有一种避免竞争的方式是限制自己发挥创造和工作的才能，即使感觉自己的能力并不弱，但在需要展示的场合会不自觉地有所保留，或者感受到过强的焦虑和压力，无法恰当地发挥才能。这种防御常常是因为嫉羡带来的罪疚感过于强烈，让人感到才能的发挥意味着自己在嫉羡地破坏他人的好，会因此变成没有人喜欢的孤家寡人。

防御就像精神世界的双刃剑，它既提供了一种必要的自我保护，同时也将自我"滞留"在某种创伤情境中，从而限制了自我的发展。我将引用汉娜·西格尔的一个案例来说明这点。

这个案例的主角是一名中年女士[1]，她拥有幸福的婚姻，做着一份学术工作，虽然她对自己的事业抱有浓厚的兴趣，但一旦发觉自己有野心时，她就会工作表现

---

[1] SEGAL H. Introduction to the work of Melanie Klein[M]. London: Karnac, 1988.

不佳。前期的分析发现这与她和妹妹强烈的竞争情感有关，她的妹妹是父母，尤其是父亲的宠儿，她为此既感到嫉妒和强烈的竞争意识，也为自己对妹妹的这些情感而内疚。她妹妹4岁时夭折，这给她带来了深刻的内疚和抑郁。看起来这位女士对于野心的冲突似乎是与嫉妒和内疚有关的，但随着分析的进展，她总感到自己身上还有一部分说不清道不明的"疯狂"：她觉得男性同事都在和她作对，还感到丈夫可能对她不忠，虽然能意识到这些是幻想，但其中的情感非常强烈，让她情绪很不稳定。

有一天，她和丈夫去参加派对，派对上的气球让她联想到童年时父母去参加舞会后，第二天家里总会飘浮着一些气球，那是父母带回来的礼物，对她来说意味着父母拥有神秘、兴奋和快乐的生活。而在派对上发生了一件让她感到不安的事，她的一个未婚女性朋友琼提前离开了，没有搭他们的车，她对此过分地感到担忧。之后她做了一个梦：

> 她的头上长了一个肿瘤,让她又厌恶又担心。

她感觉肿瘤是她生活中头上长的一个疣发展而来的。她想起了琼,这带来了很多情感上的联想:琼单身未婚,没有丈夫和孩子,还患有脱发症,而她的妹妹却拥有一头令人艳羡的长发——从这个联想中可以理解到,琼在她的幻想中代表着妹妹,只不过这个妹妹和现实中的妹妹不完全一样,幻想中的妹妹相当凄惨:被剥夺了一切,没有头发,没有父母,也没有未来。

她还想起自己曾听到过一句俗语:"如果嫉羡是癣,那么世界上会有多少长满癣的人呢?"这位女士终于意识到,嫉羡的情感埋藏在无意识中,对她来说像癣或者癌症一样,自己与妹妹的关系实际上很复杂,不仅与妹妹竞争父母的爱,还深藏着嫉羡——希望看到妹妹被剥夺一切,让妹妹成为那个饱受破坏性嫉羡折磨的人。这位女士意识到她所体验到的"疯狂"——别人在针对和背叛她，是因为自己对他们有嫉羡，而害怕遭到报复：她嫉羡男人拥有阴茎，能够获得女人的青睐；嫉羡母亲有新生儿和哺乳的乳房；嫉羡已婚妇女拥有丈夫，但同时也嫉羡未婚女性拥有时间的自由和事业的成功。

由于嫉羡的破坏，生活中她所拥有的东西——婚姻、孩子、能力和事业的成功，都被罪疚感破坏了。因为她感到这一切成就都不可避免地带着对他人嫉羡的攻击。当她获得了成就，无意识中感到自己在用富足引发别人的嫉羡时，这样就可以把嫉羡"转移"到别人身上，变成与自己无关的东西，这是多么贪婪的行为。她最大的内疚感也来自于此。有时候她限制自己的成功，来调解无意识中的内疚感。嫉羡就像"脑中的疣"干扰着她所有对创造性、成就和关系的感受。从这个案例可以看到，当嫉羡被成功地防御时，人格也可以得到发展，但是人格的丰富程度却因为各种限制而变得贫瘠，并且会持续地受到无意识内疚的影响。

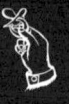

对嫉羡的防御

嫉羡在无意识中给我们带来的罪疚或许是最重的。它是一种极其需要被防御的情感，我们很难觉察到自己处于嫉羡之中，而是有一些防御行为提示着它的存在。

常见的一类防御与贬低和贪婪有关，即贬低客体的价值，或贪婪地认为自己拥有客体，因此也拥有他所有的美好；另一类防御与竞争有关，比如不自觉地通过限制自己的发挥来避免竞争，或者感受到过强的焦虑和压力，无法恰当地发挥才能。

感恩爱的来源

一个人的内心拥有能够与嫉羡冲突和抗衡的情感，这一点非常重要，决定了嫉羡是否能够进入更为冲突和整合的内心过程，而不是主导着一个人的人格。汉娜·西格尔曾经引用小说《马丁·伊登》(*Martin Eden*)来说明这种必然冲突。小说中主角马丁试图溺水自杀，但当水没过嘴唇那一刻，他就不由自主地用力拍打浮出水面。他嘲笑这种求生的意志，不过当他最终被水淹没时，他感到"令人疼痛的不是死亡，而是生活的折磨让人窒息，这是生命给他的最后一击"。

某种程度上，嫉羡与感恩的冲突也是如此。克莱因发现，有能力表达爱和感恩的孩子，并不是完全不会经历嫉羡,而是内心与好客体拥有深厚的关系,可以承受暂时的嫉羡和怨恨。当这些破坏性是暂时的,就意味着有机会一次次重新获得好客体。这种程度的冲突和挫折会让自我更为强健。乳房带来的满足在引发嫉羡的同时,也激发了爱和感恩,只要嫉羡没有演变成压倒一切的力量,感恩会让人克服和修正嫉羡。当我们能够爱别人、为价值和理想而奉献,潜在的能力是对他人和自己的美好感到欣赏与感激。嫉羡的强度和克服它的方式,依靠的是婴儿期的基点:对爱与感恩的感受,它们也在无形中调节着我们对嫉羡的反应。

嫉羡和感恩的冲突也让人发现,获得满足是一种能力,它不仅来自母亲的悉心喂养和照顾,也来自婴儿对这些照顾的吸收。这种能力来自客体关系,而不是任何一方单独的能力。对乳房的满足意味着婴儿收到了来自爱的客体的礼物,他想保留这份礼物,因而接受和吸收了爱的客体。相反,如果嫉羡过多妨碍了满足,那么婴儿对这份礼物,要么想要毁掉它,要么感到这是自己贪婪地夺取而来的，礼物所包含的爱也因此被消耗而无法被吸收了。这就联系到我们常常谈论的"缺爱"的体验，在有的人身上，爱的匮乏是有现实因素的，例如与母亲过早分离、父母的人格缺乏爱的能力等等，如果我们把视角放回内心，就能看到那些匮乏与破坏性冲动结合在一起，制造出一个让人无法感受和吸收爱的空洞，因此想从其他客体那里"弥补缺失"往往又会重复遭受挫折。所以对于"缺爱"，重要的是转化那些持续制造空洞的破坏性力量和幻想，进入能够接受爱的状态。

嫉羡不仅描述了我们生命早期的体验，更重要的是，它的存在揭示了每个人在婴儿期都是在对满足的渴望和失望中挣扎着前进和成长的，无人能够逃脱这种在精神上成为人类的必然过程：满足总是不完全的，我们得处理自己与生命来源的关系。每个人的内心多少都保留着来自早期的破坏性体验，它们感觉起来像是"无名的恐惧""黑洞""残缺"等。嫉羡实际上也展现了一个事实：我们不是孤立地长大，而是依靠世界（最早由母亲代表）提供给我们食物和营养。这种依赖和需要无可否认。从这个意义上来讲，一个人的强大并不意味着不需要别人，而是意味着他有能力享受和感恩。

感恩：对嫉羡的克服和修正

　　有能力表达爱和感恩的人，并不是完全不会经历嫉羡，而是内心与好客体拥有深厚的关系，可以承受暂时的嫉羡和怨恨。

　　获得满足是一种能力。如果嫉羡过多妨碍了满足，就会造成"缺爱"的体验。匮乏与破坏性冲动结合在一起，制造出让人无法感受和吸收爱的空洞，因此想从其他客体那里"弥补缺失"往往又会重复遭受挫折。

嫉羡展现了一个事实：我们不是孤立地长大，而是依靠世界（最早由母亲代表）提供给我们食物和营养。这种依赖和需要无可否认。从这个意义上来讲，一个人的强大并不意味着不需要别人，而是意味着他有能力享受和感恩。

第六章　导向他人内心的自己

也许克莱因本人并没有预料到，在她提出"投射性认同"（Projective Identification）这个概念后的几十年间，这个概念发展成为客体关系理论中举足轻重的一个概念，不仅在客体关系理论中得到广泛的讨论，还延伸到人际关系、主体间心理学等流派中，使它发展成一个茁壮的谱系式的概念。也许这个概念吸引人的地方在于，它展示了人与人之间存在着无意识的交流，一个人内心的东西可以通过复杂的非言语过程进入另一个人心中，在另一个人内心诱发出相应的反应，从而在瞬间产生了人和人相互的感受。在一段关系中，我们觉得自己是怎样的状态，对方又是怎样的状态，都会受到投射性认同的影响。

投射性认同是一种无意识幻想。[1]在这种幻想中,自我的某些部分可以被分割出来,认为它属于外在的客体而不是自己,无意识地诱导接受者按照这个部分来感受和行动。这种幻想具有归属性和获取性,归属性是指认为客体就是自己感受的那样,而获取性是指从客体身上获得自认为存在的某些特质。例如我们在对某些事情感到极其困难时,会无意识地将自己的无助和弱小放进别人心里,认为别人也处在这种无助和弱小中(归属性),观察着他人如何面对和处理,以此感到获得了面对困难的品质(获取性)。

投射性认同最初是母婴之间常见的交流方式,举个例子,一个婴儿声嘶力竭地哭着呼唤母亲来到自己身边,但他是为什么而哭闹,母亲是如何明白这点的呢?

---

[1] "投射性认同"的概念具有多种定义,此处参考的是《新克莱因辞典》(*The New Dictionary of Kleinian Thought*)中的定义。

哭泣中的婴儿将自己的焦虑"放到"母亲心里，也许是带着谴责感的烦躁，也许是令人颤抖的恐惧感，母亲认同了婴儿的焦虑——就仿佛是自己产生了这样的焦虑一样，在自己内心感受这种焦虑。她明白了烦躁是一个人等待中的焦急，恐惧是因为身体某个部位不舒服而唤起了强烈的可怕感，从而理解了自己的孩子。在这个过程中，婴儿什么也没说，却通过将母亲"变得"和自己一样，从而传递了自己的状态。母亲对婴儿传递的情感也有一种"加工"，这不是思考的结果，而是通过认同，在自己的经验里直接"知道"了孩子的状态。这就是投射性认同在人和人之间产生的沟通作用，让一个人的心灵得以遐想和理解另一个人的心灵，这也是婴儿相当依赖的一种沟通方式，因为他们有丰富的身心体验，但尚且不能很好地理解它们，同时也无法使用语言来诉说体验。母亲接受婴儿的投射，认同他所焦虑的内容，是婴儿极其重要的处理体验的方式。

我们的精神运作机制为什么会产生投射性认同的幻

想，为什么需要这么做呢？在克莱因的观念里，这种幻想是由于婴儿希望获得对母亲的控制和占有，而将爱和恨都导向了母亲。例如，当婴儿由于分离而产生了破坏性冲动时，他感到自己是个带有攻击性的迫害者，无力承受自己恨的部分。他感到唯一能够承受的方式就是让母亲变成那个带有攻击性的坏人，而不是自己。对母亲的破坏冲动不仅是用来伤害母亲的，也是利用其中的攻击来让母亲变成一个焦虑的、带有坏人色彩的人。当带有攻击性的部分导向母亲时，母亲不再被感知为分离的个体，而是被感知为一个迫害者，这让婴儿成功地解决了"自己是带有攻击性的迫害者"的焦虑。

除此之外，有时候爱的部分也会导向母亲。这些原本是婴儿对母亲强烈的爱和渴望，当它们导向母亲时，会让婴儿感到母亲对自己拥有着爱和渴望，从而增强自己拥有好客体的感觉。婴儿无意识中与外界的交流便是如此，是一场不断行进的交换与转化：将内心的东西放置于客体身上，又从客体那里汲取回来，如此循环往复，充满了情感性的交互。即使我们并没有和外界产生对话，这种无意识过程也并未停歇。

我们内心的"绿野仙踪"

上述婴儿对爱与恨的导向,也奠定了婴儿内心攻击性质的客体关系和爱的客体关系,此后对人际关系的爱恨感受也建立在这个基础之上。其中围绕着爱的投射性认同,是婴儿期幻想发展的基础,虽然本质上这是一种关于爱的幻想,但重点在于这样的幻想能让我们与外部客体产生更多爱的关联与互动,汲取到爱的感受。克莱因说:"一个稳固建立的好客体,给予自我丰饶的感觉,允许力比多往外流出,并且将自体好的部分投射到外界,不会发生枯竭的感觉。自我能够感觉到不仅能从其他资源摄入好的品质，也能够在内射①之前给出去爱，于是自我因为这个过程而更丰富了。"②也就是说，一个人能给别人爱，是因为他不惧怕爱是有限的，给予他人太多会造成自己的枯竭，而是相信爱是一种能够在自己和他人间互相流动和增进的情感，这成了我们能够在生活中面对一切灾难、恐惧、分离、丧失和挫败的基础。

来自婴儿期的幻想也会随着发展而变化，从早期较为碎片化的投射性认同，逐步发展到较为完整的形式，假如"分裂与投射并没有主要涉及人格的破裂部分，而是自体的凝聚部分。这意味着自我没有暴露在因为碎裂而发生的致命弱化之下，反而因为这个更加能够反复地抵消分裂的效果，并且在与客体的关系上达到整

---

① 内射（introjection）是指一种无意识幻想，将外部世界纳入成为自己内心的一部分。
② 梅兰妮·克莱因.嫉羡与感恩[M].吕煦宗，刘慧卿，译.北京：世界图书出版公司，2016：149.

合"①。也就是说，此时婴儿的自我具有了整合能力，他的幻想不再是将自己"撕碎"然后把碎片导向他人来消除焦虑的感觉，而是将自己分裂成相对完整的几个部分，将它们导向他人来增进各方面的体验，在此基础上，他也更容易理解和整合与他人的关系。或许我们对他人的感受和理解，永远都会带有投射性认同的色彩，它本身是我们与外界发生沟通的无意识过程。他人在我们心目中的形象是否可亲，我们如何对他人做出反应，永远受到自身幻想的影响。

在童话故事中，我们经常可以读到投射性认同对一个人的意义，对儿童或者任何人来说，如果一个故事可以呼应无意识幻想，就会产生言语之外的共鸣和交流。经典童话《绿野仙踪》（*The Wizard of Oz*）就是如此，弗兰克·鲍姆（L. Frank Baum，1856—1919）用奇妙的方式展现了分裂、投射和认同的发生。在故事的开头，

---

① 梅兰妮·克莱因.嫉羡与感恩[M].吕熙宗，刘慧卿，译.北京：世界图书出版公司，2016：150.

一阵龙卷风把多萝西带到了一片陌生之地，这阵龙卷风代表着我们无法抵御和消化的情感，它们混沌一团，如同灾难一般席卷而来。为了要从这种混沌中存活下来，我们无意识地，也可以说是本能地将自我分成了不同的部分。多萝西的目的是要回家，而她相信只有找到翡翠城伟大的奥兹魔法师才能实现，将心灵寄托在遥远而理想的客体身上，这似乎是找回希望的第一步。多萝西一路上遇到了三个伙伴，他们分别带有某种缺失，而又相信正是缺失导致了自己的不幸，于是与多萝西一道踏上寻找奥兹的旅途。她的第一个伙伴是稻草人，他的头是一只布口袋，里面塞满了稻草——他代表一个无法思考的人，没有身体感受，不觉得饿、感受不到疼痛也不觉得累。第二个伙伴是铁皮人，他缺少一颗心，因此对于爱和孤独这样复杂又高级的情感毫无感觉，渴望找回幸福的感受。第三个伙伴是狮子，所有动物都认为他是百兽之王，而他偏偏缺了胆量，他自己心里清楚，可怕的吼声不过是用来吓唬别人的。这三个伙伴寄托了多萝西困难的不同面向，要克服这些困难非常不易，于是"指派"了三个伙伴来承受，也期望他们可以找到克服困难的办法。

尽管一路上他们的所作所为已经体现出他们并没有自己想的那么"缺失"，比如铁皮人总是为自己伤害了动物而内疚伤心，稻草人也会想办法解决难题，狮子有勇气跳跃沟壑，他们克服的困难一次比一次大，但他们还是相信只有见到奥兹，从他那里获得大脑、心脏和胆量，才能使自己更为理想和完善。这个坚定的信念直到最后他们见到奥兹时终于破灭了：奥兹褪去了恢宏伟大的形象，和所有人一样只是个普通人，他也会恐惧邪恶，也有无法面对的难题。这似乎是多萝西和她的伙伴们最不想看到的局面，但也让原本投注到奥兹身上的那部分自己重新回到了内心，其中最重要的是，他们能够允许自己象征性地获得缺失的东西——稻草人拥有了麸皮和针组成的大脑，铁皮人拥有了裹着绸布的心，而狮子拥有了代表胆量的药水。这种象征能力使他们接受了缺失的存在，而又不至于丧失对自己的信心。多萝西也发现其实回家的"魔法"一直就在她穿的鞋子上，当她敲三次鞋子，此时投射到不同客体身上的东西重新回到她身上时，她再次成了那个生活在堪萨斯的小女孩，但她已经和从前不同了。

童话故事展现出内心的分裂和投射性认同的幻想，可以让人获得某种程度的成长，我们在童年时期如此迷恋这些故事，也是因为它呼应了内心的幻想——在那里，所有难以面对的事情都能被暂时地分裂开来，与自己保持着距离，从而让我们感到控制住了危险，仍然能心怀希望地解决它们。虽然我们很可能说不出来自己无意识中在幻想什么，但故事会随着这种呼应将勇气和希望注入人心，它更多地让人感受到自己内心产生的幻想得到了包容和理解，内心的"绿野仙踪"是有价值的事情。

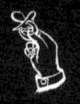

投射性认同

投射性认同的迷人之处在于,它展示了人与人之间存在着无意识的交流——一个人内心的东西可以通过复杂的非言语过程进入另一个人心中,在另一个人内心诱发出相应的反应,从而在瞬间产生了人和人相互的感受。

哭泣中的婴儿将自己的焦虑"放到"母亲心里,也许是带着谴责感的烦躁,也许是带着可怕的恐惧感,母亲认同了婴儿的焦虑——就仿佛是自己产生了这样的焦虑一样,在自己内心感受这种焦虑。她明白了烦躁是一个人等待中的焦急,恐惧是因为身体某个部位不舒服而唤起了强烈的可怕感,从而理解了自己的孩子。

这个过程中婴儿什么也没说,却通过将母亲"变得"和自己一样,从而传递了自己的状态。母亲对婴儿传递的情感也有一种"加工",这不是思考的结果,而是通过认同,在自己的经验里直接"知道"了孩子的状态。

"丢失"的情感

克莱因派后继有许多学者围绕着投射性认同的目的、功能和人际关系的作用做出了丰富的探索，不仅研究了投射性认同对个体的意义，也探索了作为投射性认同的接受者——客体起到了什么样的作用。这种幻想是否会造成自我发展的阻碍和人际关系的损伤，主要看它的投射性质、程度和自己对这种幻想认识的深度。例如，投射的性质如果是为了控制客体，那么会让人对客体有僵化的认识，要求客体表现得像自己想的那样，这样很可能会损伤与他人的关系。又例如，投射的程度是碎片化的还是较为完整的，会影响一个人对自我完整性的感受，因为过于碎片化的投射性认同，会让人感到自我仿佛是零散的，在许多功能上都受到限制。还有一点是对这种幻想认识的深度。也就是说，我们在多大程度上可以意识到自己将一些东西导向了他人，我们从别人身上感受到的其实是自己。总的来说，越是能意识到这一点，越会增进我们对自己和他人真实面貌的认识，此时我们内心分裂和投射的需要也降低了，内心世界变得更为整合和丰饶。

克莱因谈到过一个案例——H先生[1]，从他身上可以看到过度的投射性认同带来的影响。H先生的事业发展顺利，他有一个合作伙伴X女士。她业务能力优异，对工作事务处理得特别好。每每看到X女士的表现，H先生都会有一种满足感。但这一点在分析师听起来有些"违和"，因为X女士的能力与H先生没有太大关系，并且这些情境本来应该很容易引起人的嫉妒和羡慕。相比之下，H先生的"满足感"似乎是感到他自己做得很

---

[1] SPILLIUS E, O'SHAUNESSY E. *Projective identification: the fate of a concept*[M]. East Sussex: Routledge, 2012: 9.

漂亮——这代表了一种幻想，他认为自己拥有的一切优点都体现在了X女士身上，这就是她代表自己的方式，所以她的成就相当于是代表自己完成了卓越的成就。这种幻想使得H先生感到自己没有任何竞争对手，也就不存在嫉妒。

而在分析中，H先生有一种奇怪的感觉：自己和自己很疏远，而且完全无法解释这一点。他对分析的进展和获得的洞察非常满意，努力和分析师保持完全友好和感激的关系，当分析师向他解释，他对分析的满足和感激会让他想要得到更多时，这种感受是他无法忍受的，因为他感觉这是贪婪和掠夺，所以想努力控制它们。H先生听后感到强烈的呼吸困难和压迫感——那些他想防御的感受经由解释重新被体验到，它们是如此强烈而难以承受。他对自己的陌生感来自：为了享受没有贪婪和嫉妒的感觉，将自己的内心过多地投射到客体身上，以至于很难再与这些东西产生联系。

这种现象在我们生活中并不罕见，最容易看到的例子是有时人们会"丢失"某些情感，例如，有的人遇到约会时完全被人忘记的情形也丝毫不会愤怒，即便别人特意询问，也感觉自己真的没有任何愤怒甚至没有任何感觉。这种对感受的"丢失"意味着那部分自己已经导向了别人，感到是别人对这种情形太敏感，而自己不会受到丝毫影响。又例如，有的人在做出背叛和欺骗的事情时，却义正词严地指责他人疑心过重，在这种情形中内疚"丢失"了，通过指责完全地把内疚感导向了他人……这些"丢失的情感"正提醒了我们投射性认同的存在，它们是被压抑到无意识中的、原本属于自己内心的一部分，而现在它们游荡在自身之外，导向了他人的内心。

还有一些精神分析师关注投射性认同的接受者所起的作用，例如客体关系理论的代表人物威尔弗雷德·比昂，他认为投射性认同不仅是要把自己内心"不想要"的部分投射出去，而且还想要在客体那里唤起相应的感受和心理状态。举个例子，有的人焦虑时，别人仅仅给予关心是不够的,他一定要看到别人也处于同样的无助和焦虑中,才会感到别人真的和自己在一起。在投射性认同中,客体的状态也至关重要,比昂将这种容纳他人投射性认同的能力称为"容器"。容器功能最初是由母亲提供的,特别是当婴儿面临迫害焦虑和自我破碎的风险时,母亲的心理状态能够影响投射性认同的过程,从而影响婴儿的心理状态。容器的功能是母亲能够感受、体验和思考自己正在经历的事情,将那些不可言喻、不可承受的体验转化成容易接受的形态,再返还给婴儿。而婴儿接收到母亲容纳这些体验的能力,也具备了容器功能。前面提到婴儿将焦虑"放到"母亲内心,让母亲来理解焦虑的过程就属于这种情况。拥有容器功能让我们不再轻易地将内心的东西投射出去,从而建立起容纳各种体验的内心空间。

赫伯特·罗森菲尔德讲述过"约翰和B医生"[1]的

---

[1] 赫伯特·罗森菲尔德.僵局与诠释[M].林玉华,樊雪梅,译.北京:中国轻工业出版社,2019.

案例，可以看到容器功能的发挥。约翰的分析从某种程度上来讲并没有完成，但其中展现了投射性认同和容器功能的作用。约翰是一位44岁的男性，而B医生是他的分析师。约翰因为酒醉驾车出车祸，之后出现急性的忧郁和焦虑。而这件事与约翰曾有过的经历有着情感上的关联：他9岁那年和妹妹一道去镇上废弃的空屋玩耍，妹妹从三楼掉下去不幸身亡。意外发生后，约翰的母亲一直指责他必须为妹妹的死负责，责备他没有把妹妹照顾好。这件事给约翰造成很深的影响，车祸激发了他的感受，再度让他觉得自己不小心伤害了别人，因此感到非常焦虑。

在分析中约翰经常责备自己，比如，他说起自己在搭地铁时发现那是禁烟车厢，但他很想抽烟，于是点了一根，当对面的人要他停止抽烟时他下车了。或者他会讲起，他在办公室的洗手间里喝酒，喝完之后再喷一些口气清新剂。这些讲述显然是不完整的，因为约翰似乎只提到自己做了什么，或者发生了什么事，而遗漏了相应的感受。这些讲述中"遗漏"的部分正好反映出约翰自身不可承受的情感，约翰的投射性认同是这样一种幻想：把严厉和冷酷的批评者投射到别人身上，认为是别人在审视和对付他，来对抗自己的内疚感。实际上他在经受内疚的折磨，而由于投射性认同非常强烈，他很难有机会从别人身上获得理解和宽容的感受。

分析一段时间后，约翰突然提到他想放弃治疗并且自杀，B医生当时并未察觉到，约翰将一种压倒性的内疚带入了两人的关系中，他认为约翰在削弱分析对他的帮助——而这恰好很像一个严厉的批评者。之后约翰没有再来，B医生"变得"和约翰一样：他焦虑而且忧郁，脑中止不住地想象约翰没有再来，是因为他已经结束了自己的生命。B医生非常自责，也感到自己会让其他同事失望。这种状态和约翰在妹妹去世后的状态如出一辙：他满怀罪疚，又无力修正自己以前做错的事情，被母亲看成失败者所带来的挫败和指控压得他喘不过气，一直独自承受而无人理解。

投射性认同让约翰和B医生产生了相当一致的感受，而B医生的容器功能之所以没有发挥，是因为他在当时也无力体验这些汹涌的忧郁和内疚，约翰实际上传递了一种强烈的恳求，想让分析师知道他的内心有多么糟糕和无法承受，希望有人能理解自己，而不是指控自己。从这一点便能看出，容器功能让我们能够在情感上回应他人，而不是理性地分析和指点。

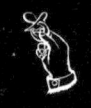

"丢失"的情感

过于碎片化的投射性认同，会让人感到自我仿佛是零散的、陌生的，许多心理功能会因此受到限制。最常见的是有时人们会"丢失"某些情感。

例如，有的人遇到约会时完全被人忘记的情形也丝毫不会愤怒，即便对方特意询问，也感觉自己真的没有任何愤怒甚至没有任何感觉。这种对感受的"丢失"意味着那部分自己已经导向了别人，感到是对方对这种情形太敏感，而自己不会受到丝毫影响。

又例如，有的人在做出背叛和欺骗的事情时，却义正词严地指责他人疑心过重，在这种情形中内疚"丢失"了，通过指责把内疚感完全地导向了他人。

容器的功能

在投射性认同中，客体的状态也至关重要，这种容纳他人投射性认同的能力称为"容器"。

拥有容器功能让我们不再轻易地将内心的东西投射出去，也让我们能够在情感上回应他人，而不是理性地分析和指点。

从他人身上"回归"

下面我想用近年的女性主义系列小说"那不勒斯四部曲"[①]来谈谈生活中,那些导向别人内心的东西如何随着成长"回归"到自身。某一些投射性认同因为包含了我们的核心困难情感,也许会让人在一生中不断将之导向他人。但总的来说,对投射性认同的认识越深,我们自身就越为丰富和完整。

[①] 埃莱娜·费兰特,意大利作家。2011—2014年陆续出版《我的天才女友》(*L'amica Geniale*)、《新名字的故事》(*Storia del Nuovo Cognome*)、《离开的,留下的》(*Storia di chi Fugge e di chi Resta*)和《失踪的孩子》(*Storia della Bambina Perduta*)四部小说,被称为"那不勒斯四部曲"。其以史诗般的体例,描述了两个在那不勒斯穷困社区出生的女孩持续半个世纪的友谊。

这套系列小说以一位女性——埃莱娜从童年至中老年的视角，叙述了她与朋友莉拉从20世纪50年代以来的成长史。她们出生在意大利那不勒斯一个充满贫穷和暴力的街区，两个女孩不断目睹和经历着身边的女人成长为低学历、低存在感的苦难母亲，也在无意中为自己的女性身份寻求认同和出路，这是埃莱娜从幼年就关注的事情："从小我就想象有一种很微小的动物，肉眼几乎看不见，会在夜晚来到我们的住宅区……这些微小的虫子，会让我们的母亲、祖母像恶狗一样易怒……她们表面上会很安静，心平气和，但她们会愤怒到底，停不下来。"显然，埃莱娜感受到的母性并不稳定也不友善，这是一种带有侵入性的母性，她无法很好地从中汲取到营养。

埃莱娜的叙述里有两个女性以明线和暗线的方式交替出现着，明线是她的天才朋友莉拉，而暗线是她跛脚的母亲。她一进入小学就被莉拉吸引，莉拉才智超群，身上有一种无所畏惧的气质，勇敢地与男孩们和街区丑陋的事件对峙。在这种背景下,莉拉和埃莱娜成了形影不离的双生体,埃莱娜感觉到只有与莉拉深刻交流,才能将自己带离一团不明所以的感受,而她内心深深抵抗着由跛脚的母亲传递的女性形象:"那时候我有一种信念:如果我一直跟着她的话,学她走路的样子,那刻在我脑子里我母亲的走路方式就不会威胁到我。"

简单叙述埃莱娜和莉拉的成长路径,就可以看到为何莉拉对埃莱娜如此重要。莉拉从小就犀利地不受一切约定俗成的规则束缚,她学习能力超乎常人,但由于出身贫穷的鞋匠家,在小学毕业后便辍学了。之后她与哥哥一起经营鞋店,设计出的鞋款在市区受到富人的追捧。她为了反抗街区黑社会头目的追求,选择和食品铺老板结婚,之后她与尼诺(莉拉和埃莱娜共同爱过的男人)相遇知道了什么是爱情,义无反顾离开了家庭。她最穷困的时候是香肠厂女工,带着孩子生活在贫民区,而几年后,她又依靠自学成为收入丰厚的计算机程序员……莉拉早慧地具备一种能力,能看透自身成长的街区，常常一语道破人们的秘密和生活的本质。

而埃莱娜是一个忧郁而擅长暗中思索的女孩，她把离开故乡的希望全部寄托在学习上，一路从中学读到大学，她的生活总是惶恐的，看着周围不断涌现富裕、有地位、有才华的人，而自己唯恐出错和不被认可。她不断思索自己作为女人究竟会有什么样的未来，但总缺少探索和行动。偶然间，她写出了一本小说，让她成了一位小有名气的作家。她的感情生活一直妥协于并不相爱的人，当和大学教授结婚并生下两个女儿后，她与尼诺相遇，而此时埃莱娜试图奋力打破束缚自己的一切……莉拉对埃莱娜来说，是一个让她可以成形的客体，因为她心中盘旋着太多的感受与念头却难以表达，而莉拉的锋利恰好契合了她无意识中的需要。这是一种普遍的投射性认同，虽然我们无法全然说出自己在思索着什么，但我们对客体的选择却很诚实，那些能够代表我们羡慕、渴望和缺少的人和事物，总是具有强大的吸引力。尽管与莉拉的友谊中充斥着嫉妒和比较，也常被莉拉的锋芒刺伤，埃莱娜始终渴望着这段关系。

其中还能看到，埃莱娜对莉拉有一种选择性的"看见"："我不喜欢她痛苦，我更喜欢那个和我不一样的她，那个不会有焦虑的莉拉。我发现她的脆弱之处，这让我觉得很不舒服。"每当体会到莉拉也有痛苦时，埃莱娜就会采取一种优越的姿态，对莉拉施加压力，这就是投射性认同中的控制，不仅将某种感受导向客体，同时也难以允许和接受客体不完全是自己想的那样。如果莉拉没有完美的强大，那么埃莱娜自己的情感痛苦也会席卷而来。例如，在临近初中毕业时，埃莱娜为自己的未来而担忧惆怅，而那时候莉拉在筹备鞋厂的事，她感觉莉拉对自己的事情并不感兴趣，还经常泼冷水，于是和莉拉渐行渐远。和莉拉的疏离让埃莱娜感觉到"自己读的那些小说一点用处也没有，我的生活很苍白，未来我会成为一个肥胖、脸上长满痘痘的售货员，在教堂对面的文具店里卖东西，或者成为市政府的一个志愿者，一个老姑娘，迟早会成为一个斜眼的跛子"。母亲残疾的姿态再次覆盖了埃莱娜的内心,这时候她体会到一个卑微、粗鄙、缺乏未来的母亲形象,而她懵懂的欲望也没有未来,没有选择,混杂在这个形象当中。

实际上这部分情感没有办法真的通过莉拉来弥补,她既需要紧紧地与莉拉联系在一起,但她的视线也从来没有离开过母亲:"唯一一个我带着忧虑研究过的是我母亲一瘸一拐的身体,只有她才能对我产生威胁,我担心自己忽然变成她那个样子。这时候,我非常清楚地看到了这个老城区母亲们的形象。她们都很焦躁,同时又听天从命……她们也就比我大十岁,最多大二十岁,但看起来她们已经失去了女性特征……因为生活的艰辛,因为年老的到来,或者因为疾病,她们的身体被消耗了……这种变形是从什么时候开始的?"

莉拉结婚后,有一段时间非常抗拒成为母亲,埃莱娜试图说服她生个孩子,但在与莉拉讨论此事的过程中,埃莱娜自身对母亲和婴儿关系的感受在梦里展现出来:

> 莉拉躺在床上，穿着一件绿色睡衣，她怀里抱着一个穿粉色衣服的女婴，悲戚地说："你给我拍一张照片，不要拍到小孩。"还有一次，她叫女儿过来见我，她女儿和我是同一个名字，这时候出现了一个非常肥胖的女人，比我们都要老。莉拉让我给这个女人脱衣服洗澡，换尿布，穿衣服。

这个梦展现了埃莱娜对于成为女性和母亲的拒绝，这来自她内心的母婴关系中充满否认、拒绝和贬低的情感，因此她很难通过对母亲的认同来看到自己的未来，这种认同意味着，她需要感到母性是好的，成为女性不会威胁到母亲的地位，女性的欲望能够被接受。

埃莱娜在大学毕业之际，突发式地用二十天时间写出人生第一本小说，其实当时她对于性欲的羞耻感已经困扰她好些年，她无法获得尼诺的爱情，还和一个令她厌恶的男人发生了性事，这种焦虑推动了她的创作。她借用小说里的人，把自己生活的街区和丑陋的性事写了出来，尽管她也说不清自己是否喜欢这本小说，但她感到羞耻感从身体里流出的平静。小说问世之后，埃莱娜内心的不稳定体现在患得患失上，他人的评论经常带来颠覆性的体验。读到恶评时，她感觉自己的书平淡、平庸、没有任何价值，她的焦虑被幻想推至顶峰，"很害怕母亲读到那篇评论，然后会利用它来攻击我……每一次我得罪她的时候，她都会翻出来"。而当读到好评时，她眼中的书又变得精彩而和谐。这个时期的埃莱娜一面想象着，如果莉拉上了学、来到了比萨，她一定会过得惊心动魄，一面摸索着依靠自己而不是幻想让莉拉解决问题，因为她所面临的这些事对莉拉来说并不存在。埃莱娜在一次次巡回推广和演讲中不断完善对自己的认可，莉拉依然是她最重要的那个客体，但她开始从更多的渠道获得反馈。这就像在她和莉拉之间出现了更多可以投射性认同的客体，尽管她很容易在客体身上读到拒绝和否认，但读者和一些有名望的人的认可，让她累积了更多好的经验。

在埃莱娜成为作家之后，她开始更多地认识到在她和母亲的关系中，那些扰动着她们的东西，"在她作为母亲的自豪后面，隐藏着一种恐惧，就是事情随时都在变化之中，她怕我会失去自己的优势，让她再没有炫耀的资本。她一点都不相信这个世界的稳定性……她害怕自己失去作为整个城区最幸运母亲的位置"。她对母性的恐惧更为明了了，母亲在无意识中晃动和令人恐惧的状态，让她感到自己拥有一个没有底气的跛脚母亲，这个内在的母亲不断从生活中得到印证：母亲过得很艰难，最后把脾气发泄在孩子身上，让孩子成为延续自己希望的工具。因此，当埃莱娜进入一个更大的世界，要在生活里展露自己的才华时，她根本找不到一个支撑点。她对自己的写作能力一直没有充分的肯定，她感到自己小说的核心秘密，是来自莉拉小时候写的一个故事，她要模拟和想象莉拉，从莉拉那里获得观点才能创作。

可以想象，这种投射性认同不可避免地会让埃莱娜对莉拉充满嫉妒，她在很多年间摆荡在需要莉拉和摆脱莉拉之间。在她每一次认为自己超越了莉拉时，又会发现莉拉总是出其不意地迸发出精彩的才能，让她内心失去平衡，感到莉拉对她的整个人生拥有发言权。埃莱娜曾经试图对这种投射性认同做出强硬的切割：莉拉让埃莱娜保管一个盒子，里面有她这些年来的日记，但埃莱娜将盒子扔到了河中，"我感觉那就像是莉拉本人带着她的思想、语言……她影响我的方式……那些和她相关的任何事情……所有这些似乎都被我推入了河里"。这就好比她感到自己失去了某些才能，想拿回那些导向莉拉的东西。这是投射性认同带来的最大困境——将一些东西导向了客体，然后感到自己失去了它们，如果和客体切断联系，意味着和自己内心的一部分切断了联系，彻底丧失了那些东西。遗憾的是，那时埃莱娜可能从来没有好好体会过，莉拉也面临许多困境，当莉拉遭遇困难时，她更多的是内疚和弥补。比如莉拉对男性有严重的嫉羡，她对性感到恶心和痛苦，从来没有享受过，莉拉内心的坏客体是一个对阴茎自豪的男性，有着羞辱和征服女性的欲望，她必须拿出强硬的态度与之斗争，无论是她丈夫还是她爱过的尼诺都是如此。当她有了儿子之后，她害怕自己会伤害儿子的生殖器……所以，莉拉的犀利和果决与她的痛苦是同在的，埃莱娜无法领会到这一点。

最后，我想引出尼诺这条线索。尼诺和她们成长在同一个街区，是个很容易吸引女性的男人——英俊、忧郁而有才华，埃莱娜从小就喜欢尼诺，但令她十分痛苦的是，莉拉在婚后居然和尼诺陷入了爱河。埃莱娜对莉拉的愤怒中有一种受到挑衅和被战胜的痛苦："你演这出戏给谁看啊？你想让我相信，尼诺会为你做出任何疯狂的事情？"而莉拉说："我是那个为他疯狂的人，这种感觉之前从未有过，我很高兴现在我能有这种感觉。"这两种痛苦是很不同的，埃莱娜的痛苦是她幻想中那个天才般的莉拉对自己造成了威胁，而莉拉的痛苦是，当生命中可遇可不求的为爱失去自己的体验来临时，她得面临被丈夫杀死、生活被完全颠覆的风险。

很多年以后，她们步入了中年，埃莱娜已婚有了两个女儿，她再次遇见了尼诺。尽管尼诺过着遍地私生子的生活，但她无法抗拒的是，尼诺唤起了她为自己一搏的欲望，她将拯救的欲望投射给了尼诺，她觉得"尼诺的计划就是通过贬低我丈夫，使我得到解放，通过摧毁他，让我回到我自己"。而这其实是埃莱娜自己的欲望，她从来都很羡慕高调的人，无论男女，喜欢他们肆无忌惮，而她从小就有对混乱的恐惧，"混乱可能会席卷我，很快就会出现一个无法对抗的权威人物，把我当场抓住，我总是那么听话，结果受到了惩罚"。她的欲望有破坏和受惩罚的色彩，她身上体现出的平庸，也可以说是为了掩盖欲望而做出的妥协。和尼诺赌注般地离开家庭后，她开始考虑自己想要"成为什么"，而不是牢牢关注"莉拉是什么样"的。

这折射出一代女性觉醒的痛苦：埃莱娜意识到自

己的生活是一个残缺的句子,这个句子叫"我想变成……",她所做的努力都围绕着希望自己发生变化,但她却不知道自己要变成什么样子。当这个问题浮现出来时,意味着投射性认同的力量减弱了,因为她开始面对成长环境赋予她的艰难,这些艰难不再被大量地导向莉拉,而是探索自己的欲望要去向何方。

我的天才女友：对客体的幻想与选择

一种普遍的投射性认同是，虽然我们无法全然说出自己在思索着什么，但我们对客体的选择却很诚实，那些能够代表我们羡慕、渴望和缺少的人和事物，总是具有强大的吸引力。

莉拉对埃莱娜来说，是一个让她可以成形的客体，因为她心中盘旋着太多的感受与念头却难以表达，而莉拉的锋利恰好契合了她无意识中的需要。

第七章 两性能力

弗洛伊德提出的"俄狄浦斯情结"是人类主要的精神冲突，简单地说，俄狄浦斯情结的显义是由于父母是儿童生活中重要的环境和客体，他们也成了儿童性心理发展中性欲和幻想所围绕的人物。如同希腊神话中的俄狄浦斯[①]一般，儿童无意识地感到自己身处三角关系

---

① 俄狄浦斯（Oedipus）是希腊神话中的悲剧人物，他是国王拉伊俄斯（Laius）和王后伊俄卡斯塔（Jocasta）的儿子，但拉伊俄斯曾受到诅咒"将被儿子杀死"，遂将俄狄浦斯遗弃。俄狄浦斯经人解救成了邻国的王子和继承人，长大之后神谕说他会"弑父娶母"，不知自己身世的俄狄浦斯为了避免神谕成真，便离开该国并发誓永不归来。后来，在击退女妖斯芬克斯的战争中，俄狄浦斯与生父拉伊俄斯意外地狭路相逢，对决中他杀死了生父。而后他打败了斯芬克斯，人民推选他成为新的国王，并按照习俗娶了王后伊俄卡斯塔。俄狄浦斯在不知情的情况下应验了"弑父娶母"的神谕：他不知道自己杀死的正是亲生父亲，也不知道迎娶的正是亲生母亲。最终知道真相的俄狄浦斯悲愤而羞愧，他漂泊四方，命终于众女神的圣地。

中，他被母亲弃置在一边，而父母却享受着结合，让儿童将"父母的结合"视为对自己有敌意和危险的关系。儿童将父母中的一方作为性欲的目标，试图与之结合，而将另一方当作实现欲望的"拦路石"，与之形成争夺和杀戮的关系。这种情结给儿童造成了内在的困难：他害怕自己或父母在这欲望的争夺中死亡。如果一个人深陷俄狄浦斯情结，那么他的性欲发展就会笼罩在争夺和死亡的阴影之下，这个三角关系意味着欲望总是会造成父母的"死亡"，变成不可解决的冲突。可以说，性欲发展之所以对精神世界如此重要，正因为它完全展示出将自身欲望与现实结合是复杂而辩证的。这带出了俄狄浦斯情结的隐义：通过哀悼自己失去了"父母的结合"这个关系（自己并不属于这个关系，这个关系也和自己无关），从而体验到三角关系不会导致一个关系的死亡，而只会导致关于一段关系的想法的死亡。[1]一个人的两性特质及与性相关的能力，来自无意识对性的思考，涉及复杂的爱和攻击的内心过程，允许这些互相冲突的东西在内心交织，就成了相当重要的能力。

当人们了解到婴儿也会体验到性欲时，对俄狄浦斯情结的认识也因此大大推进。克莱因认为儿童性欲的发展和对客体完整性的认识密不可分。克莱因提出了婴儿时期所面临的"俄狄浦斯情境"影响着情结的解决，在婴儿感知到自身性欲的同时，俄狄浦斯情境的发展也开始了，他感知到母亲是一个完整和独立于自己的个体。不仅婴儿与母亲的关系发生了变化，婴儿对世界的感知

---

[1] 对俄狄浦斯情结的阐释来自英国精神分析家罗纳德·布里顿（Ronald Britton），他曾在英国Tavistock诊所担任"儿童与父母"部门主任，开展对贫困儿童及其父母的治疗。那段经历让他坚信童年是具有重要意义的人格形成阶段。他的理论背景是弗洛伊德、克莱因和后克莱因主义的理论，除此之外，他还对哲学、神学和科学拥有广泛的兴趣，认为诗歌是理解心理的来源。他持续地关注什么是真实，以及我们如何了知真实，他的答案与济慈一样——"没有什么是真实的，直到它被体验到"。

也发生了变化，因为他意识到母亲还和别的客体有着联系，从而进入了"母亲—父亲—孩子"的三角结构情境中。这对婴儿来说是一个充满焦虑的情境，由于意识到了母亲和父亲的联系（对这种联系的幻想被称为"父母结合体"），婴儿不断将自身的性欲和攻击性投射给他们，一方面幻想着父母在结合中不断给予彼此满足，这些满足正是自己所渴望的，但是父母的结合却将自己排除在外，让自己遭受嫉羡和被剥夺的感觉，另一方面，幻想着自己摧毁了父母的结合，从而会遭到他们的联手攻击，让自己遭受损伤。

在俄狄浦斯情境中，对后续性欲发展影响最大的是婴儿实现对母亲和父亲的爱恨整合，他们不断将内心的焦虑与外部现实结合，分别发展出与母亲的关系和与父亲的关系，而这会帮助儿童认识到，父母的结合关系在本质上与孩子和父母的关系完全不同，从而让儿童放弃参与到父母的结合中。这时候，一个人较为关注的是自身作为男性或女性如何拥有结合和创造，以及维系与两性的客体关系的能力,这是一个人拥有自己的性别特质和人格特质的基础。之所以有这样的发展,和婴儿对客体的情感整合密不可分,由于对父母既有攻击性也有爱,婴儿不仅会攻击也会试图修复和父母的关系,在爱和恨的交织中推进了客体关系发生质的变化。(见第三章"内疚与爱的危机")

俄狄浦斯情结说来抽象,但结合生活中的现象却又常让人看到它的无处不在。比如,为何有的人爱和欲是分离的,他们总是在稳定的情感关系中,有寻找第三人的需要;为何有的人对于性的结合困难重重;为何有的人会不断变换性的客体,不喜欢稳定的两性关系;为何有的人对亲密的需要停留在身体层面;为何有的人会保持性冷淡的生活方式,避免与人结合;为何有的人在自己的男女气质上感到模糊不清……精神分析对性欲的研究和关注,始终围绕着具有两性特质的人格形成,以及男性和女性的心理结构如何影响关系和症状。性心理的发展不仅关联着性欲和性行为,也关联着一个人对自身性别的认同、客体的选择,以及对爱和欲的感知和认识。克莱因喜欢用"强健"一词来形容历经爱恨交织给人格带来的成长,俄狄浦斯情结的精神历练让人失去最初与母亲融合的关系,而获得了自己欲望的发展空间。

男孩的焦虑：联合敌对

意识到俄狄浦斯情结之后，男孩和女孩共同的焦虑是对母亲的复杂情感，而在婴儿的幻想中，母亲和父亲的结合发生在母亲的体内，因此"包含着阴茎的母亲"是他们欲望和攻击的客体。对男孩来说，性欲发展首先会进入女性位置，也被称作同性恋位置。因为留意到母亲与阴茎有着联系，男孩在女性位置上对阴茎的主要幻想是：它给母亲带来了满足并创造了孩子，他也希望获得同样的满足，而母亲成了与他竞争阴茎的人。

男孩在女性位置的发展，可能会受到他与母亲关系的影响。例如在女性位置，男孩要获得拥有阴茎的感受而与母亲竞争，但同时他对母亲的嫉羡等破坏性情感

(这些情感与阴茎无关，而与母亲有关），可能会干扰这种竞争的性质和剧烈程度，让男孩感到母亲是一个结合了各种敌意的客体，在根源上形成了对女性的敌意，而严重干扰日后他与异性的关系。例如，一个无意识中与母亲竞争阴茎的成年男性，可能会将女性对他性的渴望体验为早期的迫害情境，认为那是复仇的母亲想要占有和夺走他的阴茎。

男孩在女性位置的发展，对于他理解女性的需求和发展两性关系非常有意义。早期对女性位置的感受，让他能够理解女性对阴茎的需要，他的感受中包含了"像女性一样的感受"，因此可以理解和满足他的伴侣。

由于对母亲的占有欲，男孩的攻击很快指向了阴茎而进入男性位置，在幻想中他攻击父母结合体（母亲以及母亲体内的阴茎），而他面临的性欲发展的焦虑是：父亲和母亲联合起来敌对他，不仅要破坏他的阴茎，还要破坏他心中所有的好（例如，他与母亲好的关系，他对阴茎好的认同，借由好阴茎带来的创造婴儿的能力）。对男孩来说，他内心的幻想围绕着一种情感斗争展开：他既感到自己的性欲和阴茎是带来破坏的"坏东西"，也感到它们是能够带来满足和创造的"好东西"，其中的情感体验与他对母亲的爱和对父亲的认同是分不开的。

男孩更多依靠对阴茎的全能幻想来施展能力，他将内心体验到的一切斗争和矛盾放置于母亲的身体中，转变成了"母亲身体里正在发生破坏性的结合"，相信自己能够通过与母亲的结合来击败并阻止这种结合。在全能幻想的影响下，他对父母结合的攻击某种程度上成了修复母亲的举动，让男孩可以更多认同自己的男性欲望。随着对母亲的破坏与修复的反复进行，男孩对于自己和母亲的关系有了足够的信心，修复幻想扩展至父亲身上。在男性位置的发展中，男孩幻想阴茎同时具有破坏和修复的能力（例如幻想着它既是可以制造水灾的源头，也可以成为灭火器），感到它整体上是代表着"好"的器官和功能，这让他在与父亲的竞争中也能认同父亲。对于自身性欲和阴茎拥有好的信念，是男性性能力的基础。

克莱因曾分析过一位35岁的A先生[1]，他的性功能严重受损，对女性充满不信任和厌恶。在分析中，他特别关注分析师抽烟，比如留意烟灰缸里的烟蒂，或者进入房间里会闻味道，他怀疑分析师是否抽烟抽得很厉害，是否抽名牌香烟。有时克莱因点燃香烟，他会变得暴躁，埋怨分析师对他不感兴趣。而有一次，他耐心地等着分析师点燃香烟，迫不及待地等着划火柴的声音，这让A先生紧张的原因逐渐清晰起来。

A先生小的时候在夜里很注意聆听父母房间里传来的声音，直到听到性交的声音（划火柴代表着这个行为）。他的紧张是因为在他的幻想中，父母的性交一方面是充满了破坏的危险行为，他恐惧母亲会遭受破坏，也恐惧这种结合带来的摧毁性后果，而另一方面，他

---

[1] 梅兰妮·克莱因.儿童精神分析[M].林玉华，译.北京：世界图书出版公司，2016：229.

也渴望父母性交，因为父母在发生性行为，意味着他们并没有像自己幻想的那样"死去"。A先生的性功能受损与他对结合的攻击性息息相关，他无法在内心维持一个"完好的母亲"，与母亲的关系——爱和安全的基础——遭到了性欲的威胁，而他越是对"破坏性的父亲"充满敌意和攻击，越是难以认同自身的性欲和性器官，如此一来，A先生对性的认识让他感受到结合是危险的行为，担忧自己的性欲会造成破坏。

对于男孩性欲的发展，克莱因强调那些干扰了男孩认同好阴茎的内心过程。这些过程不是单纯的想与父亲竞争的欲望，更多地展现了男孩需要在良好的母婴关系的基础上，建立完整的对父亲的认识和认同，这个过程让男孩对自己的欲望拥有信心，也认可结合带来了享受和创造孩子的能力。其中最让人深思的是，性欲发展广泛地影响着一个人的焦虑程度、情绪状态和客体关系，即使在还未进入青春期的男孩身上，性欲发展的困扰也很常见。

下面我想引用克莱因的案例——10岁的理查[①]——来说明男孩的焦虑。对于理查这个年龄的孩子来说，他过于黏着母亲，因为害怕其他小孩，他越来越少出门，情绪时常陷入抑郁，过去喜欢的兴趣活动也不再吸引他。而他对除了母亲之外的女性又表现得相当早熟，他用各种方式讨好这些成年女性，像个"情圣"一样恭维她们，同时对这些女性的开心觉得很好笑。

理查在分析中画出了一些令自己都感到吃惊的画：他用四种色块代表了家里的四个人，分别是父亲、母亲、哥哥和他，这些色块的交织总的来说表现了他对性欲的焦虑：他感觉阴茎像一把匕首般穿透了母亲。又或者他会画下对分裂的幻想：母亲在一边，而他、父亲和哥哥在另一边，这两个部分绝对不会产生任何联系。这是导致理查抑郁和丧失兴趣的一个来源——他对于自己的性欲感到焦虑，因为其中有强烈的攻击性，只有通过

[①] 梅兰妮·克莱因.爱、罪疚与修复[M].杜哲，等译.北京：世界图书出版公司，2018：360.

压抑自己的欲望才能维系内心的和平，才能保留对家人的爱。理查对母亲的黏着不像男孩，而更像是一个婴儿——他幻想着和母亲拥有与性欲和破坏性无关的理想化关系。另一方面，他对母亲的攻击性更多体现在对其他女性的态度中，在他早熟的行为中传达着对女性的不屑，实际上也表达了对性欲的批判。这个部分就像弗洛伊德所说的"精神性无能"："这类人的爱的氛围被分割成两半，就如艺术中所描绘的，神圣的爱与亵渎的爱。所以他们对所爱的人无法产生欲望，对产生欲望的人就无法爱。"

克莱因对理查有一类重要的干预，是向他展示他所感受到的恐惧，与他渴望干扰和破坏父母的结合有关，所以他会害怕父亲像一个敌对的监视者，在密切留意他的性欲。理查的进展是他对母亲渐渐有了爱和恨的交织，在他的画中出现了好母亲——戴着皇冠的蓝色的鸟，也出现了坏母亲——长着恐怖大嘴的鸟，这两种关于母亲的对立情感过去被理查深深防御，而现在它们可以以冲突的方式同时被理查感受到。理查逐渐能够面对一个心理事实：他所爱的母亲也是他所恨的母亲，他可以更自在地享受和母亲的相处，不必过分担忧自己的破坏性，这缓解了他的抑郁情况。

在分析的后期，理查的画又出现了一些变化，其中一幅是他画了一个圈，这个圈将所有色块包含其中。这是理查内心的一种象征：其中的人物虽然存在冲突，但不会威胁到彼此的生存。理查有了新的幻想：自己、母亲和哥哥是盟友，可以对抗"坏父亲"。他对于面对破坏性的欲望有了更充分的信心，与父亲也不再是敌人式的消灭关系，而向着更为有对抗性的男性竞争的方向发展。这对于男孩与父亲的关系是重大的进展，意味着他有机会通过与父亲的竞争更多地认同父亲，认识到父亲和父母的关系，成长为一个像父亲那样的男人。

强健的人格

性欲发展广泛地影响着一个人的焦虑程度、情绪状态和客体关系。

为何有的人爱和欲是分离的，他们总是在稳定的情感关系中，有寻找第三人的需要；为何有的人对于性的结合困难重重；为何有的人不喜欢稳定的两性关系；为何有的人会保持性冷淡的生活方式；为何有的人在自己的男女气质上感到模糊不清……

一个人的两性特质及与性相关的能力，来自无意识对性的思考，涉及复杂的爱和攻击的内心过程，允许这些互相冲突的东西在内心交织，是相当重要的能力。克莱因喜欢用"强健"一词来形容历经爱恨交织给人格带来的成长。

女孩的焦虑:内在的完整性

在女孩的性欲发展中,与母亲的关系始终产生着重要的影响。女孩对阴茎有着不同于男孩的幻想,因为女孩对自己的性器官有一种感知:它具有"接受"的性质①,同时也产生了对阴茎的渴望。女孩进入女性位置,主要的幻想是将阴茎看作来自母亲的馈赠,对阴茎的感受也受到对母亲的矛盾情感的影响。一方面她对母亲的爱让她进一步认同母亲的馈赠,更多认同了母亲的女性特质,感到自己得到了好阴茎。另一方面,她对母

---

① 这部分意识来自克莱因所说的"求知欲"(epistimophilic drive),她认为人天生有这种原始欲望,想探索和发现母亲的身体以及父母的结合。

亲的嫉羡等破坏性情感,让她感到自己得到的并不是好东西,感到自己得到了坏阴茎。

对母亲的情感不仅影响女孩对阴茎的感受,也影响女孩对自己的乳房和生殖器官的感受,因为它们都被女孩感知为是从母亲那里"得来"的。她的幻想和情感紧密围绕着"我获得了什么样的东西",因此特别关注自己内心的世界和客体,这是女孩性欲发展独有的特征。而女孩最主要的俄狄浦斯焦虑来自对内在完整性的怀疑:她害怕自己想与母亲竞争,夺走母亲所拥有的阴茎和孩子,因此遭到母亲的报复和攻击,让自己的内在遭受破坏。与母亲的关系对女孩性欲发展的影响,可谓是既深刻也充满了矛盾:母亲令女孩感到羡慕,渴望成为像母亲一样的女人,而母亲带来的嫉羡和挫败等情感,又让她恐惧自己会与母亲进入充满破坏性的斗争,这些都影响着她对自己内心是否有好阴茎乃至好父亲的态度。

女孩对于自己内心的阴茎的焦虑感,让她进入了男性位置。在这个位置上，女孩的幻想是自己也拥有阴茎。它既可以用以攻击父母，也可以用来修复母亲——和男孩不同的是，男孩幻想阴茎可以击败母亲体内的坏阴茎，而女孩幻想阴茎是可以用以补偿母亲的东西。这个位置的发展帮助女孩认同父亲，可以在男性化的抱负和优势上与父亲竞争，但是如果过度地使用这些幻想来避免对母亲的恨和内疚，会形成对男性的嫉羡、恨和攻击，影响她发展与男性的关系。例如，在与男性的情感交往中，有些女性特别具有竞争意识，格外在意对与错、好与坏、谁听谁的，她或许不是因为与男性的关系受到挫败而变得敏感，而是在经历一种羞耻的内心情境：自己是一个内在不完整的女人。

由于女性内化和维持内在完整性的特质，女性的性行为有着非常不同的动机。一是对于自己的内在有着自信和希望的感受，寻找与之相符的客体，通过性行为来强化自己拥有好阴茎的感受；二是因为怀疑自己内在有坏阴茎而抱着试探的心态，看看伴侣会通过性生活给自己造成什么样的伤害,这种试探维系着她的欲望;三是认为自己内在拥有的阴茎摆荡在好坏之间,从而寻找"坏阴茎"(例如有施虐特质的男性),希望可以将他转化为"好阴茎";还有一类是对性的结合带有破坏性的感受,通过性冷淡试图"消灭"内在的坏阴茎。

下面我想引用克莱因的莉塔案例[1]来说明女孩的焦虑。莉塔在接受分析时两岁九个月大,她经常问母亲"我是个好女孩吗?""你爱我吗?"。或许稍微敏感的人都能发现,如果孩子总这么问,她内心一定在经历过度的焦虑和担忧。她对自己的玩具有一种强迫的行为:给它们洗澡换衣服,然后必须紧紧地包裹在被子里面。

而莉塔在婴儿时期曾经历过较为艰难的断奶阶段,离开了母乳,她不接受奶瓶和其他食物,这个时期给莉塔造成了许多对母亲的破坏性冲动。而她在生活中也

---

[1] 梅兰妮·克莱因.爱、罪疚与修复[M].杜哲,等译.北京:世界图书出版公司,2018:384.

早早出现了接受到性刺激的迹象：她从小一直与父母同床，目睹过父母性交。一岁多时，当她对父亲表现出明显的亲昵和喜欢之后，她的焦虑就开始泛滥了：她开始厌恶和害怕父亲，饮食不规律，经常大哭，出现了强迫行为。

克莱因后来逐渐了解到莉塔上述行为的原因，一方面是防止老鼠跑进来咬它们，另一方面也防止玩具们晚上跑到父母的房间。其中包含着莉塔对性欲发展的焦虑，在幻想中，老鼠要破坏她的生殖器，而玩具们跑到父母的房间，正是想要攻击和破坏父母的结合。莉塔种种担忧和强迫的表现，反映出她陷入了内在被破坏的焦虑。

由于断奶的艰难，莉塔对母亲的幻想被嫉羡和恨主导，这让她感受到罪疚，也对母亲始终有可怕的感受，而目睹父母性交更加增强了对母亲将自己弃置的恨。她与父亲的关系大部分取决于她对母亲的焦虑，这让阴茎在她心目中成了一个无法接近的客体：一方面，它代表着莉塔想夺走母亲的所有物，而害怕遭到母亲的惩罚，在焦虑和内疚的压力下，她无法维持女性位置的发展；另一方面，它代表着莉塔害怕与父亲接近，因为她对阴茎有嫉羡和破坏的欲望，结果导致了她过强的男性位置，很难与父亲建立爱的关系。有时候莉塔会虐待玩具，玩具代表了那个她十分讨厌的充满嫉羡和破坏的自己，也认同这样的自己应该遭受严厉的惩罚。

随着这些内心情境一步步被揭示，莉塔对母亲的焦虑缓解了，开始出现一些女性和母性的特征。在一次分析结束前，她亲吻自己的玩具说："我再也不会不快乐，因为我有了这么亲爱的小宝宝。"她具备了一种心理基础：允许自己扮演母亲，可以想象自己也是一个能够结合和拥有孩子的母亲。

性欲的错觉

无论对男性还是女性，性欲发展中重要的都是认识父母的关系，以及认识自己在其中的位置。当代克莱因学派的共识是，对父母关系本质的幻想不仅影响着性欲发展，也确立了我们内心与客体关系、焦虑、思考方式相关的模式，因为它是关于"结合"的基本构想，而心智功能是一种内在的将感受和想法相结合的思考能力。如迈克尔·费尔德曼（Michael Feldman）[①]所说，如果一个人能以健康的方式处理俄狄浦斯情结，那么他会将性交和结合看作一种平衡的、有创造性的行为，允许自

---

① 迈克尔·费尔德曼，英国精神分析家，他特别强调临床谈话中的活力，同时对精神分析工作抱有"接受怀疑"的信念。

己的思考与观点以一种健康的结合方式互动。如果幻想中有奇怪的和摧毁性的结合，那么他的思考会是受损的或者受到严重抑制的。下面我将引用他的两个案例[1]来展示两种常见的俄狄浦斯错觉——联合与割裂，它们都在某种程度上阻碍了性欲的发展。

联合的错觉是指幻想着自己取代了父亲或者母亲，与另一方联合起来排除他。这个案例讲的是年轻的女士A，从很小的时候起，她的父母就分居了。她母亲将生活中遇到的一切问题都怪罪到父亲身上。A女士感到自己必须接受母亲的想法，如果她质疑母亲的真实性，会引起母亲愤怒和暴力的回应。随着成长她意识到，母亲存在着很多问题，也编造了许多谎言来扭曲事实，但她害怕向母亲发起挑战。在她的幻想中，父亲会回来拯救她，例如，父亲知道母亲是如何差劲和残酷，而父亲会站在她这边，知道她不仅学习好，还会做家务和煮饭。

---

[1] 梅兰妮·克莱因，等著.俄狄浦斯情结新解[M].林玉华，译.北京：中国轻工业出版社，2017：85，90.

在A女士与男友的关系中存在着一个困难：她把一切做得尽善尽美，但总感到自己被男友拒绝。例如，她的男友晚上回家时非常疲倦，只想看会儿新闻，尽管她已经看过了，但她还是会陪男友继续看。过了一会儿，男友开始打瞌睡，这时候男友的朋友打电话过来，他们闲聊了半小时。A女士突然感到非常不满，因为她觉得男友累到不想跟自己讲话，却和朋友聊了这么久，而自己的要求并不多，只是希望获得他一丝丝的关注。

但就在A女士向分析师讲述这件事情时，她的情感却是朝向分析师的：或明或暗地，她希望分析师赞同自己，因为她已经将男友的过错讲得清清楚楚，而自己是无可挑剔的，那么分析师就必须认同自己。这就如同她的母亲一样，觉得自己总是站在对的位置，而别人要为所有的伤害负责。这是A女士俄狄浦斯情结发展的困难，她无法感受自己的敌意和破坏性，因为这样意味着母亲会猛烈地攻击和遗弃她，而父亲永远不会来拯救她。所以她试图保持完美来防止他人的联合，例如，在和分析师的关系中,她先声夺人地谴责男友,是为了避免分析师和男友站在一起排挤自己。她希望和分析师形成一种亲密的结合关系,以便排除她的男友,让男友成为不受欢迎的人。在她的幻想中,父母的结合是一种具有绝对排外性质的关系,会排除一切的冲突与怀疑而攻击现实。A女士在更多地了解自己的攻击性是怎么回事后,也逐渐能容忍一个事实:即使是她那对关系恶劣的父母,其实也存在一种结合,她的思维和表达变得自由和流畅,不必担忧自己若体验到一些感受,就会遭到攻击和遗弃。

另一种俄狄浦斯错觉是割裂,这种幻想是割裂父母的结合,让他们不会产生任何形式的结合。案例B女士有严重的性问题,她对于亲密感到恐慌,而且对亲密的感受联系着童年的一段记忆:在她5岁时,一辆卡车失去控制撞进了院子的围墙,开到他们家的客厅前才刹住车。她很恐惧地想到,如果不是那道厚实的围墙,她的家可能已经被摧毁了。也就是说,任何形式的亲密都被她感知为暴烈和失控的侵入。

一次分析时，B女士迟到了，而扰乱她的正是一系列关于性的事情。她的父母来看她，要在她的公寓里住几天。为此她谨慎地隐藏家里任何与性有关的证据，例如把吊带袜和内衣藏起来。在前一天晚上，她和父亲还为住宿安排的事发生了一段对话，因为父亲很关心来了之后是不是必须和她母亲睡一张双人床，为此她安排父亲睡单人床，母亲和她睡双人床，她父亲的反应有些激动："你为什么会有双人床？我都不知道你家还有双人床。"

B女士的讲述最明显的特征是突然的中断，她焦虑地提起这些事情，越说越紧张，然后陷入沉默，无法再继续讲述其中的意义。比如，父母看到她家有"性的证据"意味着什么？父亲对双人床的反应让她感受到什么？这些含义在她的讲述中完全与事件断裂开了。

在分析中发现，这些与性有关的内容在她的幻想中就像撞入围墙的卡车，是一个人对另一个人失控的侵入和破坏，因此性的结合在她的感受中是相当暴力的。她需要割裂这些结合，割裂自己对性的好奇和兴奋。可以看到，她父亲对于性的好奇、担忧和谨慎，也被纳入了这个幻想，让她感到结合是一件非常不恰当的、需要小心的事情，于是她屏蔽掉性带给她的感受。只要这些感受跟她心智中的任何内容发生联结，就会引发危险和入侵的感受，她害怕自己的思考如果太直接就会失去那道"围墙"，这导致她的思考方式非常拘谨，在社交和性关系上无法足够开放和自在。

本章讲述了性欲发展的基本内心情境，总的来说，性欲发展是从对"父母结合体"的幻想到对"父母的关系"的认识。"父母结合体"有两层含义：一是其中的父亲和母亲都不是独立的个体，而是一种彼此包含、融合和排外的结合；二是孩子是父母关系的参与者，由于父母的结合剥夺了自己的快乐，让自己置身事外，而意欲取代其中一方或者破坏他们的结合，这让后续的俄狄浦斯情结的解决也变得困难。

对客体完整性的认识和性欲发展的相互交织，一方面让孩子意识到父母的独立性，另一方面也对他们的关系有了更现实的理解。用克莱因的话来说，"婴儿能同时享受跟父母亲的关系（这是婴儿心智生活中一个很重要的特点，并且与因嫉妒和焦虑而想要分开他们的欲望相冲突），有赖于婴儿能够将父母亲视为两个不同个体的能力。跟父母亲的关系越整合（这与婴儿满脑子想隔离父母亲，使他们无法有性关系截然不同），意味着婴儿已经更了解父母亲之间的关系，这给婴儿一个希望，即他能愉快地让父母亲手牵手，并且将他们联结起来。"[①]对于俄狄浦斯情结的发展，我们必须面对一个事实，在父母之间发生的关系中，自己是被排除的，父母之间的联结和父母与孩子之间的联结不但不同，而且和自己毫无关系，自己是父母关系的旁观者。

---

① 梅兰妮·克莱因.嫉羡与感恩[M].吕熙宗，刘慧卿，译.北京：世界图书出版公司，2016：65.

心智功能是与"结合"有关的思考能力

当代克莱因学派的共识是,对父母关系本质的幻想不仅影响着性欲发展,也确立了我们内心与客体关系、焦虑、思考方式相关的模式,因为它是关于"结合"的基本构想,而心智功能是一种内在的将感受和想法相结合的思考能力。

附　录　克莱因一生中的几个瞬间

Appendix

1. 1887年，5岁的梅兰妮·克莱因（左）与哥哥伊曼纽尔、姐姐艾米丽在一起。这一年，祖父去世留下一笔可观的遗产，克莱因一家得以从破旧的公寓搬到位于市郊马汀街（Martinstrasse）较高雅的公寓中。

2. 1895年，13岁的克莱因（第一排，右二）与班上同学的合影。
3年之后，克莱因设定了人生目标，选择进入一所高级中学就读。她长年渴望攻读医学专业，此时更是钟情于精神医学，并于1898年通过了入学考试。

附　录　克莱因一生中的几个瞬间　　261

3. 1899年，克莱因17岁时的模样。这一年克莱因遇见了丈夫亚瑟，两人见面后不久，亚瑟便向克莱因求婚了，这也终止了克莱因的医学梦。

4. 1905年前后,怀抱大女儿梅莉塔的克莱因与母亲莉布丝。

5. 1907年3月,克莱因生下长子汉斯,她在怀孕阶段罹患了严重的抑郁症。抑郁时常困扰着克莱因,她时不时需要离开家去疗养,直到1914年,她开始接受精神分析。

6. 1926年，一位小患者给克莱因画的肖像画。

附　录　克莱因一生中的几个瞬间　　265

7. 1938年，克莱因与孙子迈克尔。

8. 1944年，62岁的克莱因。此时克莱因在伦敦逐渐"站稳脚跟"，理论研究日渐醇熟，让精神分析在英国进入新一轮的蓬勃发展。不少精神分析师、医生、儿童工作者都开始接受克莱因学派的培训。

9. 1949年，克莱因（左二）与安娜·弗洛伊德（左三）、欧内斯特·琼斯（右，弗洛伊德的朋友和强烈支持者）围坐桌旁，传递着一只小猫。

10. 1945年前后，克莱因与孙女戴安娜。

11. 1950年，参加法国精神分析师大会的克莱因。

12. 摄于1959年。第二年9月,克莱因诊断出患有大肠癌,虽然手术颇为成功,但术后从床上不慎摔落导致髋骨摔裂,健康状况进一步恶化。9月22日,克莱因辞世,她的遗体在戈德斯格林火葬场火化,告别仪式有许多亲友和同事出席。女儿梅莉塔不在场。